피타고라스가 들려주는
사각형 이야기

NEW
수학자가 들려주는
수학 이야기
08

피타고라스가
들려주는
사각형 이야기

㈜자음과모음

수학자라는 거인의 어깨 위에서
보다 멀리, 보다 넓게 바라보는
수학의 세계!

　수학 교과서는 대개 '결과'로서의 수학을 연역적으로 제시하는 경향이 강하기 때문에 학생들은 수학이 끊임없이 진화해 왔다고 생각하기 어렵습니다. 그렇지만 수학의 역사는 하나의 문제가 등장하고 그에 대해 많은 수학자가 고심하고 이를 해결하는 가운데 새로운 아이디어가 출현해 온 역동적인 과정입니다.

　〈NEW 수학자가 들려주는 수학 이야기〉는 수학 주제들의 발생 과정을 수학자들의 목소리를 통해 친근하게 이야기 형식으로 들려주기 때문에 학생들이 수학을 '과거 완료형'이 아닌 '현재 진행형'으로 인식하는 데 도움이 될 것입니다.

　학생들이 수학을 어려워하는 요인 중의 하나는 '추상성'이 강한 수학적 사고의 특성과 '구체성'을 선호하는 학생의 사고 사이에 존재하는 간극이며, 이런 간극을 줄이기 위해서 수학의 추상성을 희석시키고 수학 개념과 원리의 설명에 구체성을 부여하는 것이 필요합니다.

　〈NEW 수학자가 들려주는 수학 이야기〉는 수학 교과서의 내용을 생동감 있게 재구성함으로써 추상적인 수학을 구체성을 갖는 수학으로 변모시키고 있습니다. 또한 중간중간에 곁들여진 수학자들의 에피소드는 자칫 무료해지기 쉬운 수학 공부에 윤활유 역할을 해 줄 것입니다.

〈NEW 수학자가 들려주는 수학 이야기〉의 구성을 보면 우선 수학자의 업적을 개략적으로 소개하고, 6~9개의 강의를 통해 수학 내적 세계와 외적 세계, 교실 안과 밖을 넘나들며 수학 개념과 원리를 소개한 후 마지막으로 강의에서 다룬 내용을 정리합니다.

이런 책의 흐름을 따라 읽다 보면 각각의 도서가 다루고 있는 주제에 대한 전체적이고 통합적인 이해가 가능하도록 구성되어 있습니다. 〈NEW 수학자가 들려주는 수학 이야기〉는 학교 수학 교과 과정과 긴밀하게 맞물려 있으며, 전체 시리즈를 통해 학교 수학의 많은 내용들을 다룹니다. 따라서 〈NEW 수학자가 들려주는 수학 이야기〉를 학교 수학 공부와 병행하면서 읽는다면 교과서 내용의 소화 흡수를 도울 수 있는 효소 역할을 할 것입니다.

뉴턴이 'On the shoulders of giants'라는 표현을 썼던 것처럼, 수학자라는 거인의 어깨 위에서는 보다 멀리, 넓게 바라볼 수 있습니다. 학생들이 〈NEW 수학자가 들려주는 수학 이야기〉를 읽으면서 각 수학자의 어깨 위에서 보다 수월하게 수학의 세계를 내다보는 기회를 갖기를 바랍니다.

홍익대학교 수학교육과 교수 | 《수학 콘서트》 저자 박경미

세상의 진리를 수학으로 꿰뚫어 보는 맛
그 맛을 경험시켜 주는 '사각형' 이야기

엄마 무릎에서 놀 때 세모, 네모라고 부르던 모양이 학교에서는 삼각형, 사각형으로 우리 곁에 다가옵니다. 이번 책에서는 바로 그 사각형을 집중적으로 공부하려고 합니다.

삐뚤빼뚤 못생긴 사각형에서부터 반듯반듯 사랑스러운 사각형까지 어떤 특별한 성질을 가지고 있는지 궁금하지 않나요? 도형과 수에 관해 깊은 관심을 가졌고 많은 업적을 남겼던 피타고라스 선생님이 아이들과 함께 사각형의 여러 가지 종류와 성질에 대해 공부합니다.

사각형에 관한 공부는 초등학교에서부터 시작해서 중학교 때 정점을 이룹니다. 그렇기 때문에 이 책에서 다루는 사각형의 내용을 초등학생이나 중학생이 읽는다면 직접적으로 교과의 이해를 돕기에 좋습니다. 또한 도형에 대한 탐구가 직접적으로 이루어지지 않은 고등학생이 읽는다면 잊어버린 도형의 성질을 다시 되살려 보기에 좋은 기회가 될 것입니다.

이들 도형에 대한 여러 가지 이야기는 아주 오랜 옛날부터 현대에 이르기까지 다양합니다. 이 책에서는 피타고라스의 입을 빌리고 있지만 그 배경은 사각형의 특별한 성질을 활용한 물건이 가득한 백화점에서 이루어집니다. 사실 우리 주위를 둘러보면 많은 것이 사각형의 형태를 입고 있다는 걸 알 수 있지요.

각 사각형의 이야기를 읽을 때마다 그것이 응용된 물건은 무엇이 있을까 생각해 보고 내가 그 특징을 살려 물건을 만든다면 어떤 것이 가능할지 상상해 보는 것도 좋은 공부라고 할 수 있습니다.

도형의 공부는 자칫 잘못하면 내내 증명만 하다 시간을 보내거나 간단한 도형의 성질을 외우는 것으로 끝나기 쉽습니다. 하지만 그렇게 공부하는 습관은 결국 조금만 조건이 바뀌어 버리면 문제 앞에서 옴짝달싹 못 하고 한없이 움츠러들게 만듭니다. 내가 알고 있는 어떤 작은 사실에서 무슨 길을 통해 그런 결과가 나왔는지 차근차근 함께 걸어 보는 것이 중요합니다. 또한 사각형에 대한 공부를 사각형 안에서만 끝내 버리면 안 될 것입니다. 도형의 삼총사끼리 잘 연관을 지어 공부하는 것이 필요합니다. 그 삼총사는 삼각형, 원 그리고 사각형이라고 할 수 있지요. 이 책을 통해 삼각형과 사각형의 관계, 원과 이들 도형이 만나면서 일어나는 결과에 대해 관심을 갖고 읽으면서 여러분의 것으로 만들게 되기를 바랍니다.

여러분의 도형 공부에 이 책이 작은 도움이라도 된다면 더 바랄 것이 없을 것 같습니다.

사각형의 달콤한 유혹을 즐기게 되길 바라며

배수경

차례

1 이 책은 달라요

《피타고라스가 들려주는 사각형 이야기》는 별다른 특징이 없는 사각형에서부터 사다리꼴, 평행사변형, 직사각형, 마름모 그리고 정사각형까지 꼼꼼히 탐구해 보는 사각형의 기본서라고 할 수 있습니다. 각 사각형은 전혀 상관없는 것이 아니라 사실 한쪽을 다른 쪽에 품고 있기도 하는 긴밀한 포함 관계를 갖고 있습니다. 따라서 무슨 조건이 어떻게 바뀌는지에 따라 어떤 사각형이 되고, 그에 따라 어떤 특별한 성질이 생기는지를 차례로 잘 살펴볼 수 있게 꾸몄습니다. 또한 도형에 중요한 업적을 남긴 피타고라스의 안내로 다양한 사각형의 특별한 성질을 이용한 물건이 가득한 백화점에서 공부를 하기 때문에 우리 생활과 매우 가까운 곳에 있다는 것을 느끼며 읽어 나갈 수 있습니다.

교과 과정의 내용은 초등학교와 중학교의 내용을 총망라하고 있기 때문에 초등학생에게는 좀 더 깊이 있게, 중학생에게는 직접적인 교과의 이해를 도울 수 있도록 다가갈 것이며 고등학생에게는 조금 잊힌 도형의 기초적인 내용을 복습할 기회를 제공합니다.

마지막으로 교과 과정에는 없지만 사각형의 아웃사이더를 소개함으로써 사각형에 대한 새로운 창의력을 발휘해 볼 기회를 갖도록 합니다.

2 이런 점이 좋아요

이 책은 복잡한 기호 없이도 사각형의 여러 가지 내용과 증명을 읽어 낼 수 있고, 왜 그런지 그 이유를 생각해 볼 수 있는 충분한 줄거리를 제공합니다. 뿐만 아니라 교과서의 배열과는 조금 다르게 구성하여 한꺼번에 비교하는 것이 용이하도록 하였습니다. 증명이 중요한 부분을 차지하기는 하지만 형식보다는 그 형식에 담긴 의미를 이해하고 파악하기 쉽게 다루었습니다.

3 교과 연계표

학년	단원(영역)	관련된 수업 주제 (관련된 교과 내용 또는 소단원 명)
초 1, 초 3, 초 4	도형과 측정	모양과 사각, 평면도형, 사각형
중 2	도형과 측정	사각형의 성질

4 수업 소개

1교시 세상은 온통 네모투성이

사각형의 구성 요소 및 내각의 합과 외각의 합에 대해 알아봅니다.

- **선행 학습** : 점, 선, 면, 각, 평행선의 성질, 삼각형의 성질
- **학습 방법** : 이전에 배운 삼각형의 구성 요소와 비교하며 사각형의
  구성 요소를 알아보고 본문의 질문에 스스로 답하면서 공부합니다.

2교시 높은 곳까지 올라가게 도와주는 사다리꼴

사다리꼴의 정의와 성질 및 등변사다리꼴의 정의와 성질에 대해 알아봅니다.

- **선행 학습** : 동위각과 엇각, 정의와 증명, 삼각형의 합동조건, 이등변
  삼각형
- **학습 방법** : 사다리꼴의 특징을 찾아보며 이 특징을 잘 살린 우리 생
  활 속의 물건들에는 무엇이 있는지 생각해 봅니다. 또한 그 물건들

을 통해 거꾸로 사다리꼴의 새로운 면을 발견할 수 있다면 더욱 좋습니다.

3교시 자장자장 우리 아기 재우는 평행사변형

평행사변형의 정의와 성질 및 조건에 대해 알아봅니다.

- 선행 학습 : 명제의 역, 반례
- 학습 방법 : 평행사변형의 성질에 대해 자세히 탐구한 후 그로부터 거꾸로 무슨 조건을 만족하면 평행사변형이 되는지 알아봅니다. 이때 사고의 흐름을 잘 조절하는 능력이 필요합니다.

4교시 우직하지만 알뜰살뜰한 직사각형

직사각형의 정의와 성질에 대해 알아봅니다.

- 선행 학습 : 사각형에 대한 기본적인 학습
- 학습 방법 : 지금까지 배운 사각형의 성질을 그대로 물려받은 직사각형은 어떤 조건이 강화되어 만들어진 것인지 파악합니다. 또한 추가된 특별한 성질이 무엇인지 알아봅니다.

5교시 쭉쭉 잘 늘어나서 유용한 마름모

마름모의 정의와 성질에 대해 알아봅니다.

- 선행 학습 : 사각형에 대한 기본적인 학습

• 학습 방법 : 평행사변형에서 직사각형과 어떤 조건이 달라져 만들어진 사각형이 마름모인지 생각해 보고 그로 인해 추가되는 특별한 성질이 무엇인지 공부합니다.

6교시 신통방통 완벽한 정사각형과 사각형들의 관계

정사각형의 정의와 성질 및 사각형들의 관계에 대해 알아봅니다.

• 선행 학습 : 삼각형의 중점 연결 정리
• 학습 방법 : 지금까지 배운 사각형들의 성질을 중심으로 그들과의 관계를 파악하는 데에 중점을 두고 공부합니다.

7교시 같은 원리, 다른 공식으로 알아보는 사각형의 넓이

사각형의 넓이를 구하는 공식과 평행사변형 속의 숨은 넓이에 대해 알아봅니다.

• 선행 학습 : 넓이가 같은 삼각형
• 학습 방법 : 다른 단원에서도 많이 쓰게 될 사각형의 넓이를 구하는 공식을 이끌어 내는 아이디어를 잘 이해하여 공식을 외우기보다 그 의미를 파악하는 데 중점을 두고 공부합니다. 또한 평행사변형 속에서 일어나는 넓이에 관한 성질은 활용도가 매우 높은 내용이니 반드시 이해하고 응용할 수 있게 합니다.

8교시 사각형계의 아웃사이더들

특별한 사각형의 종류와 특징에 대해 알아봅니다.

- 선행 학습 : 황금비

- **학습 방법** : 사각형의 특별한 경우를 공부하면서 우리가 공부한 사각
  형의 무심코 지나칠 수 있는 성질에 대해 다시 한번 되새김질하는
  기회를 갖습니다. 또한 사각형의 이미지를 잘 표현한 명화를 감상하
  며 공부를 마무리합니다.

피타고라스를 소개합니다

Pythagoras(B.C. 580?~B.C. 500?)

나는 수를 만물의 기본 원리라고 생각한 수학자입니다.

완전수, 친화수, 초월수, 부족수, 도형 수 등으로 수를 분류하여 수에 관한 기초적인 성질을 발견하고 증명하는 데 공을 세웠지요. 그뿐만이 아닙니다.

음악 이론의 기초를 이루는 수의 비율을 발견하였고, 5가지 정다면체에 대한 연구를 하여 기하학의 발전에 큰 도움을 주었습니다.

무엇보다 저의 명성을 드높인 업적으로 '피타고라스의 정리'를 빼놓을 수 없겠지요?

여러분, 나는 피타고라스입니다

안녕하세요? 나는 수를 사랑한 수학자 피타고라스입니다.

내가 태어난 해에 대해서는 수학자 혹은 철학자마다 의견이 분분하다고 하더군요. 그저 여러분이 나를 2600년 전의 사람으로만 알아주어도 좋을 것 같습니다.

내가 태어난 곳은 당시 번창한 항구 도시이자 학문과 문화의 중심지였던 사모스섬입니다. 거기가 어디냐고요? 흠……. 지금의 튀르키예라는 나라 근처에 있는 섬이라고 생각하면 될 겁니다. 이 섬은 당시 문명의 황금기를 누리고 있던 그리스의 식민지였고, 그곳에서 나는 상인인 아버지와 어머니 그리고 형제들과 함께 살았지요.

어릴 때부터 산술과 음악에 남다른 재능을 보였던 나는 당시 유명한 수학자였던 탈레스 선생님에게 수학과 천문학을 배웠답니다. 하지만 나는 늘 배움에 목말라 했어요. 좁은 땅에서의 공부만으로는 만족할 수 없었던 겁니다. 그래서 나는 스무 살이 되었을 때 이집트와 바빌로니아를 여행하면서 수학, 천문학, 철학을 두루 공부했습니다. 말하자면 국외로 유학을 떠난 셈이지요.

학문에 대한 열정을 조금이나마 채울 수 있었던 나는 고향 사모스섬으로 다시 돌아와 학생들을 가르치려고 했습니다. 그런데 정말 실망스럽게도 이름이 알려지지 않은 나에게는 아무도 배우러 오지 않았습니다. 포기할까라는 생각도 잠깐 했지만 마음을 고쳐먹고 거리로 나갔습니다. 거기서 지나가는 어린 소년 하나를 붙들고서 나에게 배우면 돈을 주겠다고 설득했습니다. 제자에게 돈을 주면서 공부를 가르치다니 얼마나 황당한 일입니까? 하지만 당시의 나로서는 그 길밖에 없었습니다. 그런데 그 결과가 어땠는지 아나요? 하하하. 돈이 다 떨어진 내가 더 이상 수업을 할 수 없겠다고 했더니 그 제자는 수업료를 내고 계속 배우겠다고 나에게 졸랐지요.

그렇게 명성을 쌓은 나는 크로토네크로톤이라는 도시에 피타고라스학파를 위한 학교를 세웠습니다. 피타고라스학파가 무엇이냐고요? 쉽게 말해 공부를 위해 뭉친 조직이지요. 물론 이 학파의 중심에는 내가 있습니다.

다소 깐깐한 성격인 나는 공부 못지 않게 생활에서도 철저한 규칙 지키기를 강조했습니다. 사람이 죽으면 동물로 환생한다고 믿었기 때문에 동물에게는 친절하게 대하도록 하고 모두 채식을 하게 했습니다. 또한 콩을 못 먹게 하고 수탉을 만지지 못하게 했는데 그것은 이 두 가지가 완전함의 상징이라고 믿었기 때문입니다. 여러분이 보기엔 내가 좀 엉뚱할 수도 있을 겁니다.

그래도 우리끼리는 매우 똘똘 뭉친 의리의 조직이었답니다. 재산도 공유하고, 누가 연구하여 발견했든지 모두 우리 학파의 이름으로 발표했거든요. 그 유명한 '피타고라스의 정리'도 우리 학파에서 처음으로 증명해 옳다는 것을 밝혔습니다. 의리에 살고 의리에 죽는 우리 학파는 대신 배신자를 용서치 않았습니다. 아~ 배신자에 관한 이야기가 나왔으니 그에 대한 이야기를 좀 할까 합니다.

그 당시 나는 이 세상의 모든 것은 수로 설명이 가능하다고 생각했습니다. 또한 어떠한 것을 측정하든지 두 정수의 비로 표현할 수 있다고 여겼지요. 그런데 이게 웬일입니까? 다음과 같이 넓이가 2인 정사각형의 한 변의 길이를 표현할 수가 없었던 것입니다.

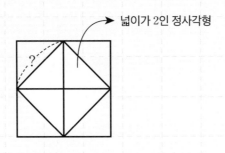

넓이가 2인 정사각형

큰일이 난 거죠. 내 눈앞에 일어난 일을 믿을 수가 없었습니다. 우리 학파가 지금까지 지키고 쌓아 온 이론의 기반이 흔들리는 순간이었습니다. 어쩔 수 없이 우리 학파의 회원 모두에게 이 도형의 한 변의 길이에 관한 사건을 비밀에 부치라고 맹세시키는 수밖에는 다른 도리가 없었습니다. 그런데 사건은 그 후에 일어났습니다. 이렇게 버젓이 일어난 일에 대해 입을 다무는 것이 양심에 걸렸던지 한 제자가 이 일을 발설하고 말았던 것입니다. 아마 그의 이름이 '히파수스'였던 것으로 기억합니다. 우리 조직의 맹세를 깨뜨리고 학파의 명예를 더럽힌 그는 용서를 받기가 힘들었습니다. 결국 그는 회원들에 의해 바닷속으로 사라졌다는 얘기를 들은 것 같군요. 비극적인 사건이 있은 후, 이 비밀이 오랫동안 지켜질 것이라고는 생각지 않았지만 예상보다 빨리 우리는 이 비밀스러운 존재를 받아들여야만 했습니다. 바로 무리수를 우리 연구에 포함시키게 된 거지요.

이렇게 다양한 학문적 업적에도 불구하고 나는 말년에 정치적인 소용돌이에 휘말려 성난 군중에 의해 도망자 신세가 되기도 했습니다. 하지만 내가 죽은 후에도 나의 제자들은 여러 도시로 퍼져 나가 새로운 학교를 세워 200년 이상 나의 학문적 전통을 이어 나갔답니다. 그 전통이 오랜 세월 동안 전해져 여러분이 배우고 있는 수학책에도 스며 들어가 있는 거지요.

그런 의미에서 내가 여러분에게 기하학에서 중요한 위치를 차지하고 있는 사각형의 안내를 맡게 되었습니다. 그럼 이제 슬슬 다양한 사각형의 세계로 풍덩 잠수해 볼까요?

피타고라스가 들려주는 사각형 이야기

이후 나의 명성은 점점 더 높아져 크로토네라는 도시에 피타고라스 학파를 위한 학교까지 세웠습니다.

수학왕 피타고라스다!

위대한 수학 선생님이셔.

피타고라스학파엔 온갖 까다로운 규칙이 있었습니다.

콩이 몸에 얼마나 좋은데!

피타고라스 수업노트 일급비밀

— 입학생은 5년 동안 말을 해선 안 된다.
— 콩을 절대로 먹지 마라.
— 여기서 배운 내용은 다른 곳에서 절대 말하면 안 된다.

— 사람이 죽으면 다른 동물로 환생한다.
— 채식을 하라.
— 수탉을 만지지 마라.

날 건들면 후회할 걸!

그리고 이것도 안 되고, 저것도 안 되고…….

나는 완전수, 친화수, 월수, 부족수, 도형 수 등 신비한 수의 세계를 밝혀냈고

5가지 정다면체에 대한 연구도 하여 기하학의 발전에 큰 도움을 주었습니다.

그리고 '피타고라스의 정리'도 빼놓을 수 없지요.

나의 수많은 업적 중 무엇을 같이 공부할까요?

선생님, 지켜야 할 규칙이 너무 많아요.

선생님은 좀 무서워요.

하하! 이젠 세월이 지났으니 옛날처럼 깐깐하지 않답니다.

결정했어요. 나와 함께 사각형의 세계를 즐겁게 여행합시다.

피타고라스의 개념 체크

23

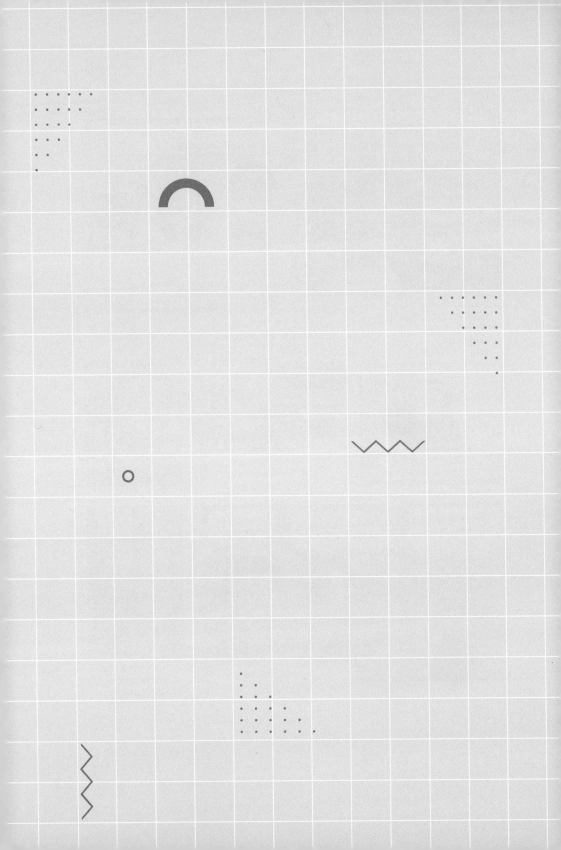

세상은 온통
네모투성이

사각형의 구성 요소 및
내각의 합과 외각의 합에 대해 공부합니다.

수업 목표

1. 사각형의 구성 요소를 알아봅니다.
2. 사각형을 부르는 방법을 알아봅니다.
3. 사각형의 내각의 합과 외각의 합을 알아봅니다.

미리 알면 좋아요

1. 고대 그리스 시대의 수학자

연도	수학자
B.C. 6세기	탈레스, 피타고라스
B.C. 5세기	필로라오스, 데모크리토스피타고라스학파, 파르메니데스, 제논엘레아학파
B.C. 4세기	에우독소스, 아리스토텔레스아테네학파
B.C. 3세기	유클리드, 아폴로니오스, 아르키메데스, 에라토스테네스고대 그리스 수학의 황금기
B.C. 2세기	히파르코스, 테오도시오스
B.C. 1세기	헤론
A.D. 2세기	프톨레마이오스
A.D. 3세기	디오판토스
A.D. 4세기	파포스, 테온, 히파티아최초의 여성 수학자
A.D. 5세기	프로클로스
A.D. 11세기	보에티우스고대 그리스의 마지막 수학자. 고대 그리스 수학의 역사가 막을 내림

2. 삼각형의 내각의 합은 $180°$

삼각형에서 한 꼭짓점을 지나면서 마주 보는 변에 평행인 직선을 하나 긋습니다.

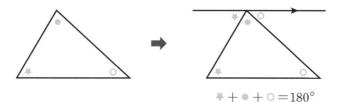

$$ ★ + ● + ○ = 180° $$

평행선에 의해 생기는 엇각은 그 크기가 같으므로 그림과 같이 크기가 같은 각을 표시할 수 있습니다. 결국 세 각은 한곳에 모인 셈이고, 그 합이 평각과 같기 때문에 삼각형의 세 내각의 합은 $180°$가 됩니다.

피타고라스의
첫 번째 수업

여러분, 모두 반가워요. 고대 그리스 시대에 살았던 내가 현대에 살고 있는 여러분을 만나니 보이는 모든 것이 새롭기만 하네요. 사실 솔직히 말하면 나로선 매우 복잡하고 혼란스러운 기분마저 든답니다. 하지만 내가 살았던 시대와 여러분이 살고 있는 시대가 마냥 다르지만은 않더군요. 세월이 흘러도 변하지 않는 것이 있기 마련이니까요. 그중 대표적인 것이 바로 '시'와 '노래'가 아닐까요? 노래를 찾다 보니 아주 흥미로운 것이 하나 있던데……. 가만있자, 어디 있더라……. 아하! 여기 있군요. 내가 여러분에게 보여 주려고 가사를 조금 적어 왔거든요.

네모의 꿈

유영석 작사

네모난 침대에서 일어나 눈을 떠 보면

네모난 창문으로 보이는 똑같은 풍경

네모난 문을 열고 네모난 테이블에 앉아

네모난 조간신문 본 뒤

네모난 책가방에 네모난 책들을 넣고

네모난 버스를 타고 네모난 건물 지나

네모난 학교에 들어서면 또 네모난 교실

네모난 칠판과 책상들

네모난 오디오 네모난 컴퓨터 TV

……

여러분이 알고 있는 노래인가요?

몇몇 아이는 들어 본 적이 있다는 듯 고개를 끄덕이고 다른 아이들은 전혀 들어 보지 못했다는 듯 눈을 동그랗게 떴습니다.

네모난 것이 너무나 많아 미처 다 적어 오지 못했지만 이 정도만 봐도 여러분 주위에 네모난 것이 얼마나 많은지 알 수 있을 겁니다. 여러분이 어릴 적에 동그라미, 세모, 네모라고 부르던 그 모양들이 나중에는 원, 삼각형 그리고 사각형이라고 부르는 도형이 되지요. 이제부터 나와 함께 이 사각형의 여러 가지 숨겨진 성질을 탐험해 보기로 합시다.

사각형 四角形 한자로 된 이 단어를 가만히 곱씹어 보면 각이 4개인 도형이란 뜻으로 풀이됩니다. 그렇다면 사각형에는 각만 있을까요? 다른 게 있다면 그 밖에 어떤 것이 더 있을까요? 여러분에게 나누어 준 종이 위에 아무렇게나 사각형을 한번 그려 보세요.

아이들은 피타고라스에게 받은 하얀 종이 위에 연필로 쓱싹 쓱싹 사각형을 하나씩 그렸습니다.

지금 보니 사각형의 종이 위에 사각형을 하나씩 그렸군요. 자기가 그린 그림을 높이 들어 보겠어요?

아이들은 자신이 그린 그림을 머리 위로 들어 보였습니다.

좋아요, 여러분의 그림을 함께 보면서 각 이외에 또 어떤 것이 있는지 한번 찾아내 봅시다.

"피타고라스 선생님! 4개의 선이 보여요. 그 선들이 만나면 점도 생기죠. 그 점도 4개네요."

맞습니다. 바로 그 선을 수학에서는 선분이라고 하는데 도형의 일부가 된 그 선분을 변이라고 부릅니다. 또 변이 만나서 생기는 점, 이것을 꼭짓점이라고 하지요. 그러니까 사각형은 4개의 변과 4개의 꼭짓점, 그리고 4개의 각으로 구성되어 있군요.

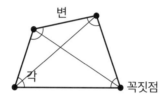

이번에는 사각형 속에 들어 있지만 여러분의 눈에 보이지 않는 것들을 말해 볼까 합니다. 먼저 사각형이 가진 선분 중에 '변'이 아닌 다른 것을 찾아볼 거예요.

여러분, 4개의 꼭짓점을 이은 것이 변이었죠? 모두 빠짐없이 꼭짓점을 연결했나요?

"아니요! 아직 연결되지 않은 경우가 있어요. 이렇게 이으면 2개를 더 그릴 수 있어요."

맞습니다. 그렇게 그려진 선분은 변이 아니니까 새로운 이름을 붙여야겠지요? 그것을 대각선이라고 부릅니다.

대각선

대각선이 사각형에만 있는 것은 아니겠지요? 사각형과 같은 다각형의 경우엔 이웃하지 않는 두 꼭짓점을 이은 선분을 말하고, 직육면체와 같은 다면체의 경우엔 같은 면 위에 있지 않은 두 꼭짓점을 이은 선분을 의미합니다.

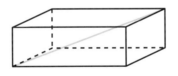

이번에는 각 이야기로 넘어가 볼까요? 우리가 아까 4개의 각을 이야기했지요? 사실 이 각은 사각형의 안쪽에 있기 때문에 내각이라고 하는 것이 더 정확합니다.

"그럼 사각형 바깥에 '외각'도 있다는 말씀이세요?"

빙고~ 맞습니다. 그런데 바깥에 있는 각이라고 하면 이런 각이라고 생각할 수 있겠지요?

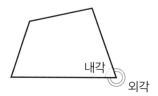

　하지만 아닙니다. 외각이란 사각형의 한 변과 이웃하는 변을 연장한 선이 만들어 낸 각을 말합니다. 이렇게 말이에요.

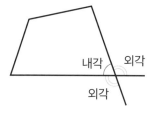

　자, 이 정도면 사각형에 필요한 부속품을 모두 소개한 것 같군요. 마지막으로 사각형을 부를 때 지켜야 할 규칙 하나만 미리 밝혀 두죠. 사각형은 꼭짓점에 붙인 영어 알파벳 대문자를 이용해 '사각형 ABCD'라는 식으로 이름을 부르면 됩니다. 4개의 꼭짓점을 차례로 부르는 거죠.

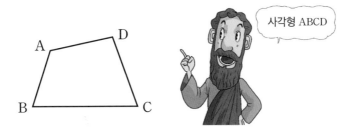

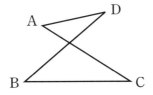

보통은 시계 반대 방향으로 부르지만, 부르는 방향보다 더 중요한 것은 그 순서대로 연결했을 때 사각형 그림이 제대로 나와야 한다는 겁니다.

예를 들어서 위의 사각형을 '사각형 ACBD'로 불러 버리면 그 순서대로 꼭짓점을 연결했을 때 모래시계 모양이 나와서 곤란하단 말이죠.

아이들은 무슨 말인지 알았다는 듯이 고개를 끄덕였습니다.

'사각형 ABCD'를 더 간단하게 쓰고 싶다면 기호를 이용해서 '□ABCD'라고 하면 됩니다.

여기서 퀴즈 하나 나갑니다. 여러분, 사각형 내각의 크기를 합하면 얼마일까요?

아이들은 돌발 퀴즈에 허둥지둥했지만 침착하게 배운 것을 떠올려 보려고 노력했습니다. 그중 한 아이가 손을 번쩍 들고 360°라고 말했습니다.

맞아요. 여러분은 기초가 탄탄하군요. 모두 기억나겠지만 왜 그렇게 되었는지 다시 한번 정리해 보죠. 모두 삼각형 내각의 크기의 합이 180°인 것은 다 기억하지요? 다른 다각형 내각의 크기의 합은 삼각형으로 나눠 생각해 보면 쉽게 해결됩니다. 우리가 그린 사각형도 삼각형으로 나눠 볼까요? 대각선 하나만 그리면 간단히 만들어지네요.

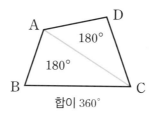

합이 360°

모든 사각형은 2개의 삼각형으로 나누어집니다. 그리고 사각형 내각의 크기의 합은 결국 2개의 삼각형 내각의 크기의 합과 같네요. 그렇다면 180°의 2배! 즉, 360°라고 말한 우리 친구 말이 정확하게 맞았네요.

두 번째 퀴즈~ 사각형 외각의 크기의 합은 얼마일까요?

아이들은 자신의 그림에 외각을 표시해 보았지만, 그 크기의 합은 알쏭달쏭해 보였습니다.

여러분, 내각과 외각을 함께 생각해 보면 그렇게 어렵지 않답니다. 이렇게 한번 생각해 봐요.

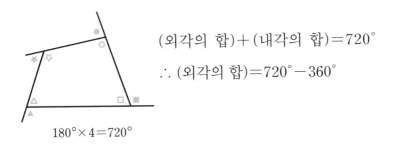

$$(외각의 \ 합)+(내각의 \ 합)=720°$$
$$\therefore (외각의 \ 합)=720°-360°$$

$$180°\times4=720°$$

외각은 연장선으로 만들어진 각이기 때문에 바로 옆의 내각과 합하면 그 크기는 180°가 됩니다. 그러니까 모든 외각과 내각의 크기를 다 더한 값은 $180° \times 4 = 720°$가 되는 거지요. 그런데 우리는 조금 전에 내각의 크기의 합이 $360°$라는 사실을 알아냈죠. 이제 외각의 크기의 합을 알아내려면 $720° - 360°$를 계산하면 되겠네요.

결론은 사각형 외각의 크기의 합은 $360°$가 됩니다.

"그럼 사각형은 내각의 크기의 합도 $360°$이고 외각의 크기의 합도 $360°$네요."

그래요. 지금까지 살펴본 내용은 사각형이라면 모두가 갖고 있는 공통적인 성질입니다. 하지만 사각형의 변이나 각이 조금 특별해지면 여러 가지 재미있는 성질이 톡톡 튀어나오게 되죠.

다음 수업부터는 여러분이 살고 있는 현대의 대표적인 멋진 가게, 백화점에서 할까 합니다. 우리 주변의 사각형들을 직접 보면서 그 성질을 알아보는 게 좋지 않겠어요? 저도 이번 기회에 신기한 백화점 구경도 실컷 해 보려고요. 그럼 다음 시간에는 스퀘어 백화점에서 만나는 겁니다.

❶ 사각형의 구성 요소

사각형은 4개의 변과 4개의 각, 4개의 꼭짓점으로 이루어져 있습니다. 또 2개의 대각선을 그을 수 있습니다.

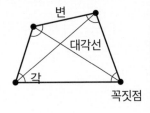

❷ 사각형을 부를 때

사각형은 순서대로 연결했을 때, 그 사각형이 만들어지도록 부르면 됩니다.

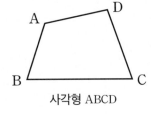

사각형 ABCD

❸ 사각형의 내각의 합과 외각의 합

사각형의 내각의 합은 360°이고, 외각의 합도 360°입니다.

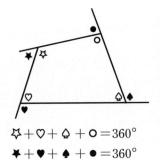

높은 곳까지
올라가게 도와주는
사다리꼴

사다리꼴의 정의와 성질 및
등변사다리꼴의 정의와 성질에 대해 공부합니다.

1. 사다리꼴의 정의와 성질을 알아봅니다.
2. 등변사다리꼴의 정의와 성질을 알아봅니다.

미리 알면 좋아요

1. 평행선이 만드는 동위각과 엇각

평행선과 다른 한 직선이 만날 때 동위각과 엇각의 크기는 항상 같습니다.

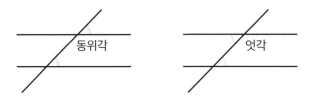

동위각   엇각

2. 증명

수학에서 기본적인 몇 가지 내용공리을 옳다고 가정하고 그 아래에서 어떤 문장이나 식명제이 참이 된다는 것을 보여 주는 것을 증명이라고 합니다. 증명하고자 하는 명제에서 가정과 결론을 잘 나눈 후 가정으로 출발해서 정의와 이미 옳다고 증명된 사실을 이용해 논리적으로 잘 설명하여 결론에 도착하게 되면 증명을 완수한 것이 됩니다.

| 가정 | →
정의, 이미 증명된 사실 | 결론 |

3. 삼각형의 합동조건

두 삼각형이 합동임을 밝힐 때는 다음의 조건 중에서 하나를 만족한다는 것을 보이면 충분합니다. 이때 S는 변Side을, A는 각Angle을 나타냅니다.

- 세 변의 길이가 서로 같다. SSS합동
- 두 변의 길이와 끼인각이 서로 같다. SAS합동
- 두 각과 사이에 있는 변의 길이가 서로 같다. ASA합동

4. 이등변삼각형

두 변의 길이가 같은 삼각형으로, 두 각의 크기도 같습니다. 이때 크기가 같은 두 각을 밑각, 나머지 각을 꼭지각이라고 하고, 꼭지각과 마주 보는 변을 밑변이라고 합니다.

이러한 이등변삼각형은 다음과 같은 아주 좋은 성질을 갖고 있습니다.

- 두 각의 크기가 서로 같다.
- 꼭지각의 이등분선은 밑변을 수직이등분한다.

피타고라스의
두 번째 수업

여기들 모여 있었군요. 백화점 앞에 행사를 준비하느라 사람들이 모여 있어서 여러분이 어디 있는지 찾기가 힘들었답니다. 백화점은 물건도 많지만 사람도 굉장히 많군요. 게다가 사각형과 관련 있는 물건도 꽤 많답니다.

아이들은 재미있다는 표정으로 피타고라스의 뒤를 따라다니기 시작했습니다.

먼저 이번 시간에 함께 배울 사각형을 소개해 볼게요. 지난 시간에 우린 사각형을 구성하고 있는 부속품으로 변, 꼭짓점, 각 등을 배웠어요. 이 중에 변과 각이라는 두 가지 요소를 어떻게 바꾸느냐에 따라 사각형의 이름을 특별하게 붙일 수 있답니다. 여러분에게 처음으로 소개할 사각형은 '변'에 특별한 조건을 줄 거예요.

여러분, 저기 백화점 앞에 있는 행사장을 한번 잘 보세요.

저기 우리가 찾는 사각형이 있군요.

아이들이 눈을 돌리자 행사장을 꾸미고 있는 사람들이 바쁘게 움직이는 것이 보였습니다.

우리가 손이 닿지 않는 곳에 뭔가를 설치하거나 올라가려고 할 때 어떤 물건을 이용하게 되지요? 그래요, 바로 저기 있는 사다리예요. 사다리는 발판이 땅과 평행해야 우리가 올라갈 때 몸의 균형을 잡을 수 있고 비로소 안정적으로 일을 할 수 있게 됩니다. 즉, 마주 보는 발판들 사이의 평행이라는 조건이 매우 중요한 것이지요.

이처럼 네 변 중에서 마주 보는 한 쌍의 변이 평행한 사각형, 우리는 이 사각형을 사다리꼴이라고 부릅니다. 말 그대로 사다리 모양을 한 사각형이 되겠지요.

내가 보여 주는 이 사각형들은 모두 사다리꼴입니다.

흔히 사다리꼴이라고 하면 맨 마지막의 모양을 떠올리기 쉬

운데, 반드시 저렇게 좌우 대칭으로 반듯할 필요는 없답니다. 단 한 쌍의 평행한 변이 있기만 하면 사다리꼴이라고 부를 수 있다는 거지요. 그 외의 변은 평행해도 좋고 그렇지 않아도 좋다는 뜻입니다. 따라서 다음과 같은 사각형도 사다리꼴 가족에 들어간다고 볼 수 있지요.

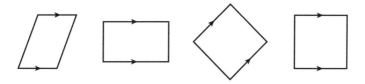

사다리꼴에서 평행인 두 변은 중요한 역할을 하기 때문에 따로 이름을 붙여 두었답니다. 밑변이라고 하지요.

"피타고라스 선생님! 하나는 위에 있고 또 다른 하나는 아래에 있는데도 두 변 다 밑변이라고 부르나요?"

그래요. 사실 사다리꼴은 획 뒤집어 버리면 위에 있는 것도 얼마든지 아래로 올 수 있기 때문에 두 변 다 '밑변'이라고 합니다. 그리고 그림이 일단 자리를 잡게 되면 그때의 위치에 따라 위에 있는 밑변을 '윗변', 아래에 있는 밑변을 '아랫변'이라고 다시 구분해서 부르지요. 그리고 두 밑변 사이의 거리를 사다리꼴의 높이라고 합니다.

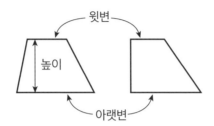

윗변

높이

아랫변

한 쌍의 평행한 변만 있으면
모두 사다리꼴입니다.

위에 있는데
왜 밑변인가요?

이제 아래로 왔죠?

!

위에 있는 밑변은 윗변,
아래에 있는 밑변은
아랫변이라고 부릅니다.

이 사다리꼴은 달랑 한 쌍의 변만이 평행하기 때문에 특별한 성질을 많이 찾기는 힘듭니다. 하지만 평행하다는 사실이 각에 대한 특별한 성질을 만들게 되지요. 다음의 그림처럼 말이에요.

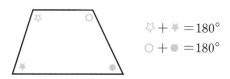

$$☆ + ✹ = 180°$$
$$○ + ● = 180°$$

평행한 두 변 중 한 변의 연장선을 쭉 그려 보세요. 그러면 우린 각 ●와 ★의 엇각을 찾을 수가 있어요. 그리고 그 각은 평행선에 의해 만들어진 엇각이니 그 크기가 같지요. 그런데 평각은 180°이니까 $★ + ☆ = 180°$, $● + ○ = 180°$라고 할 수 있겠죠?

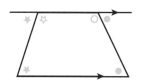

이 외에는 각이나 변에서 생기는 특별한 성질이 별로 없어 보입니다. 뭔가 특징을 우르르 쏟아 내기에는 조건이 부족한 거죠. 아~ 하지만 사다리꼴 중에는 공주 대접을 받는 특별한 사

다리꼴이 있긴 합니다. 흔히 우리가 사다리꼴하면 떠올리게 되는 바로 이 사각형!

이런 사다리꼴을 등변사다리꼴이라고 합니다.

이 등변사다리꼴을 뭐라고 설명하면 좋을까요? 더도 말고 덜도 말고 딱 이 등변사다리꼴을 설명할 수 있는 말. 우리는 이런 설명을 '정의'라고 하지요.

아이들은 어떻게 표현해야 할지 몰라 우물쭈물했습니다.

"선생님! '등변'사다리꼴이니까 변의 길이가 같다는 것이 정의에 포함될 것 같은데요? 그러니까 평행한 두 변 말고 다른 두 변의 길이가 같은 사다리꼴이 아닐까요?"

그래요. 그 말을 들으니 이름과도 어울리고 정의로서도 맞는 말 같군요. 그런데 사실 등변사다리꼴은 흔히 다른 방법으로 정의한답니다. '평행한 두 변 중 한 변의 양 끝 각의 크기가 같은 사다리꼴이다.'라고 말이에요. 흠, 아까보다 어려워졌죠? 말보다는 그림이 더 이해하기 쉬울 테니 직접 그려 줄게요.

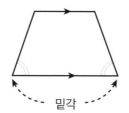

밑각

여기에서 크기가 같다고 한 양 끝 각을 등변사다리꼴의 밑각이라고 부릅니다. 이 등변사다리꼴을 보니 생각나는 물건들이 있지요?

아이들은 백화점의 물건들을 살펴보다가 저마다 한마디씩 거들고 나섭니다.

"앞치마요."
"뜀틀을 옆에서 보면 등변사다리꼴이에요."
"사실 대부분 사다리의 모양은 등변사다리꼴이죠."
"우리 학교 조회대로 올라가는 계단의 전체적인 모양을 보면 등변사다리꼴 같아요."

피타고라스가 들려주는 사각형 이야기

그래요. 잘 말해 주었어요. 거기에 내가 하나 더 추가해 볼게요. 2008년에 안타까운 화재 사고가 있었던 국보 1호 '숭례문'을 알고 있지요? 바로 이 숭례문의 지붕을 앞에서 보면 등변사다리꼴이랍니다. 건물 사면에 지붕면이 있고 귀마루가 용마루에서 만나게 되는 스타일의 지붕을 '우진각 지붕'이라고 하지요.

아이들은 숭례문을 생각하며 마음이 조금 아팠지만 등변사다리꼴과 관련지어 떠올리면서 신기해했습니다.

이 등변사다리꼴은 보통의 사다리꼴에 비해 조건이 더 강해졌으니까 특별한 성질을 찾아볼 수 있겠죠?

먼저 두 밑각의 크기가 같다고 했는데 그렇다면 나머지 두 각의 크기는 어떨까요?

"그야 당연히 같지요. 딱 보면 알 수 있잖아요?"

그래요. 따악 보면 알 수 있죠. 하지만 논리적인 설명이 필요해요. 아까 사다리꼴에서 밝혀낸 성질을 이용하면 무척 간단하게 해결됩니다.

다음 그림을 같이 볼까요?

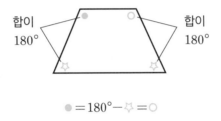

사다리꼴에서 적용되는 사실은 등변사다리꼴에서도 당연히 적용됩니다. 즉, 위의 그림과 같이 이웃하는 두 각의 합은 180°일 것이고, 그 결과로 인해 나머지 두 각도 같을 수밖에 없지요.

등변사다리꼴의 두 번째 성질은 대각선에 관한 것입니다. 여러분, 등변사다리꼴에도 2개의 대각선이 있습니다. 그 대각선의 길이는 어떨까요?

아이들은 약간 멋쩍은 듯 웃으며 다 같이 말했습니다.

"딱 보면 길이가 같아요."

그래요. 하지만 이번에도 논리적인 설명, 그러니까 증명을 한 번 시도해 볼까요? 사실 의외로 간단한 증명입니다. 이 증명을 위해선 여러분에게 겹쳐진 그림을 볼 수 있는 능력이 필요한데, 모두 가능할 겁니다.

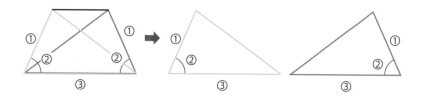

자, 여러분 눈에 파란색 삼각형과 회색 삼각형이 보이나요? 등변사다리꼴이니까 ①번의 두 변의 길이가 같고 ②번의 밑각의 크기가 같을 것이며, 두 삼각형이 겹쳐진 변 ③번은 당연히 그 길이가 같지요. 그렇다면 이 두 삼각형은 무슨 합동일까요?

"두 변의 길이가 같고 그 사이 끼인각이 같다! 그럼 SAS 합동이네요!"

그래요. 그러니까 '두 대각선은 두 삼각형의 대응변이 되니까 길이가 같다.'라고 설명되는 거지요.

마지막으로 등변사다리꼴 안에 선을 하나 그려 볼게요. 이 선 때문에 만들어지는 삼각형은 무슨 삼각형일까요? 아, 참! 어떤 선을 그려야 하는지 알려 줄게요. $\overline{AB}$에 평행하도록 점 D에서 $\overline{BC}$를 만날 때까지 선분을 그립니다. 자, 그럼 이렇게 만들어진 △DEC는 무슨 삼각형일까요?

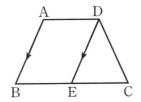

"그야 딱 보면 이등변삼각형이지만 증명해 볼게요. 음~ 그러니까 ∠B와 ∠DEC는 평행선에 의한 동위각이니까 크기가 같아요. 그리고 ∠B와 ∠C는 등변사다리꼴의 밑각으로써 크기가 같지요. 그러니까 ∠B＝∠DEC, ∠B＝∠C가 되고 ∠DEC＝∠C이니까 '두 각의 크기가 같은 삼각형은 이등변삼각형이다.' 맞지요?"

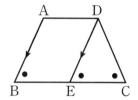

와우~ 아주 잘했네요. 그렇게 다른 사람들이 고개를 끄덕일 수 있도록 설명해 주는 것이 증명이랍니다. 그럼 높은 곳을 올라가게 도와주는 사다리꼴에 대한 수업을 마쳤으니 다음 수업으로 넘어가 볼까요? 우리, 백화점의 계단을 이용해서 2층으로 올라가도록 합시다.

"네~ 피타고라스 선생님!"

① **사다리꼴의 정의**

한 쌍의 마주 보는 변이 평행한 사각형을 사다리꼴이라고 합니다.

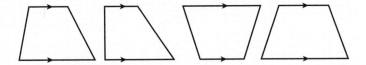

② **사다리꼴의 성질**

다음 그림과 같이 이웃한 두 각의 합은 180°입니다.

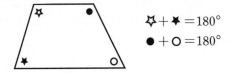

☆ + ✦ = 180°

● + ○ = 180°

③ **등변사다리꼴의 정의**

평행한 두 변 중 한 변의 양 끝 각의 크기가 같은 사다리꼴을 등변사다리꼴이라고 합니다.

밑각

❹ 등변사다리꼴의 성질

평행한 두 변의 양 끝 각의 크기는 각각 같습니다. 다음과 같이

한 변에 평행한 선을 그어 만든 삼각형은 이등변삼각형입니다.

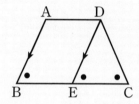

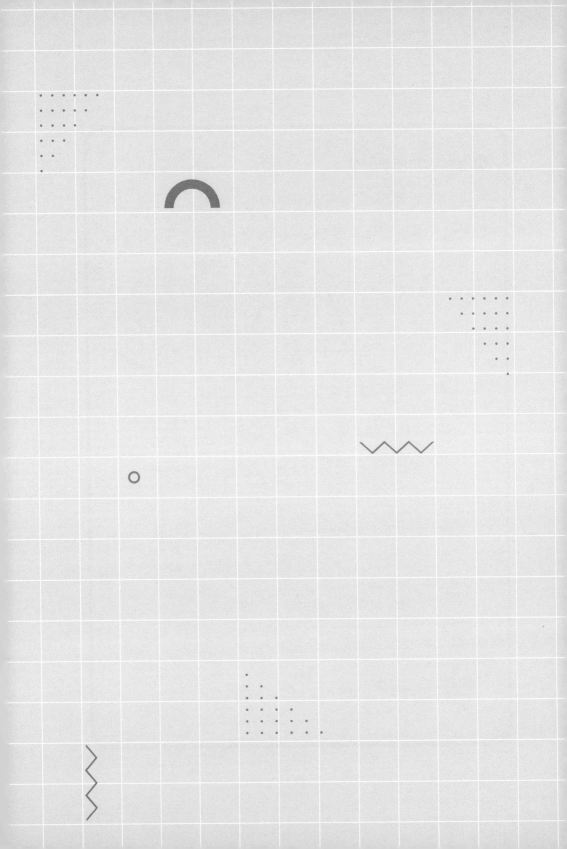

자장자장
우리 아기 재우는
평행사변형

평행사변형의 정의와 성질 및 조건에 대해
공부합니다.

1. 평행사변형의 정의를 알아봅니다.
2. 평행사변형의 성질을 알아보고 증명해 봅니다.
3. 평행사변형이 되는 조건에 대해 알아봅니다.

1. 명제의 역

'사람은 동물이다.'와 같이 참인지 거짓인지 명확하게 판단할 수 있는 문장을 명제라고 합니다. 또 이 문장의 앞과 뒤를 바꾸어 놓은 '동물은 사람이다.'도 명제가 됩니다. 이러한 문장을 '명제의 역'이라고 합니다. '사람은 동물이다.' 가 참말임에도 불구하고 '동물은 사람이다.'는 참말이라고 할 수가 없습니다. 이처럼 어떤 명제가 참일지라도 그 명제의 역이 반드시 참이라고 할 수 없답니다.

2. 반례

어떤 명제가 참이 아님을 보여 주기 위해 제시하는 그 명제가 성립하지 않는 예를 말합니다. 예를 들어 '동물은 사람이다.'의 반례는 '코끼리'가 될 수 있습니다. 코끼리는 동물이지만 사람이 아니니까요.

피타고라스의
세 번째 수업

지난 수업 시간에는 한 쌍의 마주 보는 변이 평행한 사각형을 배웠지요? 이번에는 나머지 변들까지 서로 평행하다면 어떻게 될지 한번 생각해 볼 거예요. 그러니까 평행한 변이 두 쌍 있게 되는 거지요. 그것도 마주 보는 변들끼리……. 서로 마주 보는 변을 앞으로는 대변對邊이라고 할 겁니다. 하하. 혹시 이 단어를 보고 웃는 친구들 있다면 한자가 다르다는 걸 잊지 말아요. 대변은 '서로 마주 보는 변'이란 뜻이니까요.

자, 이제 우리 주위에서 두 쌍의 마주 보는 변이 평행한 사각형이 어디 있을까 한번 찾아보세요.

아이들은 두리번거리다가 백화점 1층에서 2층으로 올라올 때 보았던 계단으로 눈길을 보냈습니다.

"선생님, 저 계단의 손잡이와 봉의 모양을 보세요. 봉끼리 평
행하고 손잡이와 계단 바닥 선이 평행하니까 두 쌍의 대변이
평행한 사각형 맞죠?"

그렇군요. 아주 잘 찾았네요. 또 다른 것은 없나요?

2층 유아 코너를 돌아보던
아이가 큰 소리로 친구들과
피타고라스를 불렀습니다.

"선생님, 여기 이것 좀 보세
요. 이런 그네 의자 말이에요.

천장과 바닥은 평행하고 그네 손잡이끼리 평행하니까 이것도 그런 사각형이 되네요."

그래요, 이것도 그렇다고 할 수 있죠. 또한 아기의 흔들 침대도 같은 원리라고 할 수 있어요. 침대가 바닥과 평행하면서 흔들리기 때문에 아기들이 편안하게 잠들 수 있죠.

그 외에도 어느 놀이동산의 지금은 사라진 '날으는 양탄자'라는 놀이기구를 한번 살펴봅시다. 이 기구 역시 돌아가는 모양새에서 평행한 두 쌍의 대변을 찾아볼 수 있습니다.

바로 이런 사각형을 우리는 평행사변형이라고 합니다. 용어만 보면 4개의 변이 서로 평행하다고 착각할 수도 있지만, 그런 사각형은 존재하지 않으니 다음과 같은 모양이 만들어집니다.

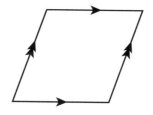

　즉, 평행사변형은 '두 쌍의 대변이 각각 평행한 사각형'이라고 정의합니다. 그런데 이 평행사변형은 이미 사다리꼴의 한 가족이었던 사각형입니다. 그러니 넓게 보면 사다리꼴인 셈이죠. 이 말은 사다리꼴에서 파악했던 특별한 성질을 이미 모두 갖고 있다는 뜻이 됩니다. 그러한 사다리꼴에서 조금 더 특별해졌으니, 사다리꼴이 가지는 성질 이외에 어떤 특별한 성질을 갖고 있는지 좀 더 알아봐야겠죠?

　이런 도형의 성질들을 조금씩 뜯어서 살펴보려면 기준을 정해 놓고 보는 것이 좋습니다. 우리는 앞으로 사각형의 구성 요소인 변, 각, 대각선을 중점적으로 보려고 합니다.

　그럼 먼저 '변'을 살펴볼까요?

　두 쌍의 대변이 각각 평행하다는 것은 이미 정의에서 알 수 있었습니다. 그렇다면 대변의 길이는 어떨까요?

　"그야 당연히 같은 거 아닌가요? 아, 참. 그래도 논리적으로 증명해야 한다고 하셨죠? 그림을 한번 그려 볼게요."

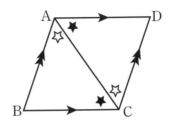

"흠, 여기에서는 평행하다는 조건이 있으니까 이미 알고 있
는 평행선의 성질을 이용하면 좋겠네요. 평행선이 만들어 내는
엇각의 크기는 각각 같으니까 ★각끼리 크기가 같고, ☆각끼리
크기가 같지요. 그리고 그 각 사이의 변은 공통으로 가지고 있
으니까 △ABC와 △CDA는 합동이네요. ASA 합동 말이에요."

정말 잘 해냈군요. 그래요. 그렇게 합동인 두 삼각형은 당연
히 대응변의 길이가 같겠지요. 그래서 평행사변형의 대변의 길
이는 각각 같다고 말할 수 있는 거예요.

이번에는 '각'을 보기로 해요.

"선생님! 그건 좀 전에 증명한 걸로 벌써 해결이 된 것 같은
데요? ∠B와 ∠D는 두 삼각형의 대응각이니까 당연히 같고,
∠A＝★＋☆＝∠C이니까 이 두 대각도 서로 같잖아요."

그렇군요. 하나의 증명으로 대변의 길이와 대각의 크기가 같다는 걸 다 말해 버렸군요.

그럼 이번엔 '대각선'으로 넘어가 볼까요? 대각선을 그려 보고 뭔가 생각나는 것을 말해 봅시다.

"글쎄요. 길이가 같아 보이진 않고, 그렇다고 수직으로 만나는 것 같지도 않아요."

그래요, 처음 볼 때는 대각선의 특별한 성질이 잘 보이지 않을 수 있어요. 그럼 힌트를 하나 줄게요. 지금 이 평행사변형에서 내가 색칠한 두 삼각형이 무슨 관계를 가지고 있을지 한번 알아맞혀 보세요.

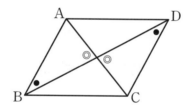

"아, 좀 알 것 같아요. 그 두 삼각형은 분명 합동이에요. 왜냐하면 평행사변형의 대변이니까 $\overline{AB}=\overline{DC}$이고, 맞꼭지각이니까 ◎각은 서로 같지요. 그리고 하나가 더 필요한데……. 맞아요. 평행선이 만드는 엇각이니까 ●각도 서로 같아요. 한 변과 두 각이 같다고 밝혔으니 ASA 합동이죠?"

그러자 아이들이 뭔가 이상하다는 듯 웅성대기 시작했습니다. 피타고라스는 웃으면서 아이들에게 설명을 시작했습니다.

옳은 설명 같지만 논리적으로 따지면 틀린 부분이 있어요. 지금 우리 친구가 한 말을 그림으로 표시해 다시 살펴봅시다.

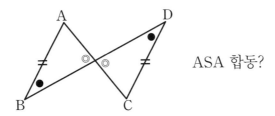

ASA 합동?

어때요? ASA 합동조건을 만족했다고 말하려면 한 변의 길이가 같고 양 끝 각의 크기가 같아야 합니다. 그런데 지금은 양 끝 각이 아니기 때문에 이 합동조건을 만족했다고 할 수 없어요. 우리 같이 필요한 부분을 다시 증명해 봅시다. 평행선이 만들어 내는 엇각이 ●각만 있는 건 아니죠? 다음 그림에 있는 ◇각도 같은 이유로 크기가 같습니다. 이제 당당히 이 두 삼각형이 ASA 합동이라고 말할 수 있겠네요.

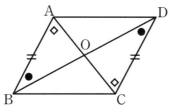

ASA 합동!

증명하고선 내가 무슨 말을 하려고 했는지 잊어버리면 안 되겠죠? 지금은 대각선에 관한 이야기를 하고 있었습니다. 대각선의 성질과 관련지어 생각했을 때 $\overline{AO}=\overline{CO}, \overline{BO}=\overline{DO}$라는 것을 알아냈다는 사실이 더 중요해요. 즉, 평행사변형의 대각선은 서로 다른 것을 이등분한다!

지금까지 찾아낸 평행사변형의 성질을 다시 한번 정리해 볼게요.

평행사변형에 대한 보고서

1. 정의: 두 쌍의 대변이 각각 평행한 사각형

2. 성질: ① 두 쌍의 대변의 길이가 각각 같다.

   ② 두 쌍의 대각의 크기가 각각 같다.

   ③ 두 대각선은 서로 다른 것을 이등분한다.

자, 이제 평행사변형이 어떤 사각형인지 잘 알았겠죠? 그런데 여러분은 다음과 같은 말이 맞다고 생각하나요, 아니면 틀리다고 생각하나요?

"아이유는 노래를 잘 부르는 가수야. 그러니까 노래를 잘하는 가수는 아이유란 말이지."

"에이, 그런 게 어디 있어요? 아이유가 노래를 잘 부르는 건 사실이지만 노래 잘한다고 모두 아이유가 될 순 없죠. 그것보다는 아이유라는 걸 확실히 알 수 있는 힌트를 줘야죠. 드라마 〈호텔 델루나〉의 주인공인 가수 뭐, 이 정도는 돼야 확실히 '아이유'라고 할 수 있는 거 아니겠어요?"

맞아요. 평행사변형도 마찬가지예요. 어떤 조건의 사각형이 평행사변형이라고 말할 수 있을까요? 다음 힌트 중에서 '확실히 평행사변형이다.'라고 설명할 수 있는 걸 골라 볼까요?

두 쌍의 대변의 길이가 각각 같은 사각형	한 쌍의 대변이 평행하고 다른 한 쌍의 대변의 길이가 같은 사각형
두 대각선이 서로 다른 것을 이등분하는 사각형	두 대각선이 수직인 사각형

어떤 조건을 평행사변형이라고 할 수 있을까요?

음~

두 쌍의 대변의 길이가 각각 같은 사각형

한 쌍의 대변이 평행하고 다른 한 쌍의 대변의 길이가 같은 사각형

두 대각선이 서로 다른 것을 이등분하는 사각형

두 대각선이 수직인 사각형

두 쌍의 대변의 길이가 같으면 평행사변형이 맞을 텐데?

그림을 그려 볼까?

확신을 갖기 위해 필요한 것이 바로 증명입니다.

"선생님! 두 쌍의 대변의 길이가 같은 사각형이면 확실히 평행사변형일 것 같은데 정말로 그런지 확신하기는 힘들어요. 그림을 여러 개 그려 보아야 할까요?"

그림을 아무리 많이 그려도 우리 마음에 확신을 갖기란 쉬운 일이 아니죠. 바로 이럴 때 증명이 필요한 거랍니다. 같이 해 보죠.

주어진 조건을 가지고 평행사변형, 즉 두 쌍의 대변이 각각 평행한지 알아보겠습니다. 그래도 증명할 때 그림은 무척 도움이 되니까 살짝 그려 놓고 시작할게요.

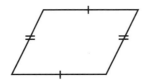

평행이란 걸 증명하려면 우리가 알고 있는 사실 중에서 평행과 관련된 성질을 떠올려 보면 좋습니다. 여러분이 알고 있는 평행과 관련된 것, 무엇이 있나요?

"평행선이 만들어 내는 동위각과 엇각의 크기는 각각 같다는 것 정도인데요."

좋습니다. 바로 그걸 이용해 보는 거예요. 그러려면 사각형에 대각선 1개를 보조선으로 그려 놓고 시작해야겠네요.

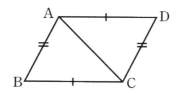

　그림에서 △ABC와 △CDA는 합동입니다. 왜냐고요? 두 쌍의 대변이 각각 같은 데다가 이미 $\overline{AC}$는 공통인 변이니 SSS 합동이거든요.

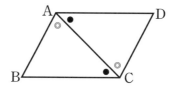

　그렇다면 대응각의 크기는 서로 같겠죠? ◎각이 서로 같고
●각이 서로 같습니다. 그런데 이 각들은 가만 보니 서로 엇각인 관계이군요. 엇각은 항상 그 크기가 같지는 않지요. 평행선에 의해 만들어진 엇각일 때만 같으니까요. 자, 그럼 이야기는 끝난 건가요? $\overline{AD} /\!/ \overline{BC}$, $\overline{AB} /\!/ \overline{DC}$니까 결국 이 사각형의 두 쌍의 대변은 '평행하다'라고 끝을 맺을 수 있겠네요.

하지만 한 쌍의 대변이 평행하고 다른 한 쌍의 대변의 길이가 같은 사각형은 어떨까요? 우선 주어진 조건을 사각형의 그림 위에 표시해 보세요.

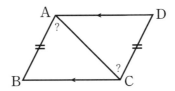

방금 위에서 주어진 조건만으로 삼각형의 합동 같은 것을 밝혀낼 수 있을까요? 조금 전과 같이 그림에 대각선을 그렸을 때도 두 변의 길이는 같지만 그 사이에 끼인각도 같다고 말할 순 없게 됩니다. 그럼 어떻게 할까요?

증명이 잘되지 않을 땐 '뭔가가 있군.' 하고 거꾸로 생각해 봅시다. 혹시 언제나 평행사변형이라고 말할 수는 없을지도 모른다는 얘기일까요?

이때는 평행사변형이 안 된다는 걸 굳이 '증명'할 필요는 없습니다. 그렇지 않은 단 하나의 예만 들어도 이런 이야기를 무시할 수 있게 될 테니까요. 이런 예를 우리는 반례라고 합니다.

어떤 주머니에 과일이 100개 들어 있는데 누가 '이 주머니는 사과만 100개가 들어 있는 사과 주머니입니다.'라고 말할 때, 일일이 사과 100개를 다 꺼내 보이며 증명할 필요는 없다는 거죠. 만약 단 1개라도 야구공이 섞여 있다는 걸 보여 주기만 하면 이 말이 참말이 아니라는 것을 밝힐 수 있게 된답니다. 그 단 1개의 야구공이 반례가 되는 거지요.

"그럼 우린 '한 쌍의 대변이 평행하고 한 쌍의 대변의 길이가 같은 사각형' 중에 평행사변형이 아닌 반례를 그려 보이면 되

는 거네요?"

맞아요. 여러분이 한번 그려 보겠어요?

아이들은 저마다 들고 있는 종이에 그림을 그리더니 1명씩 그림을 들어 보였습니다.

좋습니다. 가장 좋은 예의 그림이 여기 나왔군요. 여러분이 이미 사다리꼴에서 만난 적이 있는 사각형입니다.

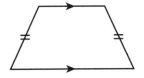

그렇다면 이 조건은 반드시 평행사변형이 되는 조건은 아니라는 것을 알 수 있죠? 다른 2개의 조건은 어떻게 되나요? 여러분 각자 조건이라고 생각하면 증명을 하고, 그렇지 않다고 생각하면 반례를 찾아 주세요.

아이들은 삼삼오오 모여서 서로의 생각을 주고받더니 피타고라스에게 자신들의 생각을 말했습니다.

"두 대각선이 서로 다른 것을 이등분한다는 것은 평행사변
형의 조건이 맞아요. 왜냐하면 맞꼭지각의 크기는 같기 때문에
색칠을 한 삼각형끼리 SAS 합동이거든요. 그러면 대응각끼리
크기가 같지요? 그 대응각 ★, ☆은 각각 엇각이면서 그 크기가
같으니까 두 쌍의 대변이 평행하다는 말이잖아요. 그러니까 평
행사변형이죠!"

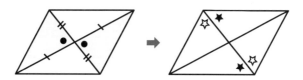

"하지만 선생님! 그다음에 있는 두 대각선이 수직인 것은 반
드시 평행사변형이라고 말할 수가 없어요. 제가 아주 멋진 반
례를 찾았거든요, 헤헤."

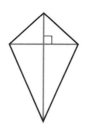

다들 놀랍도록 잘해 주었어요. 그렇게 증명을 통해 평행사변형이 되는 조건을 찾아볼 수 있답니다. 그 외에 다른 조건들까지 모두 정리해 보면 다음과 같아요.

어떤 사각형이 평행사변형이 될까?

① 두 쌍의 대변이 각각 평행한 사각형
② 두 쌍의 대변의 길이가 각각 같은 사각형
③ 두 쌍의 대각의 크기가 각각 같은 사각형
④ 한 쌍의 대변이 평행하고 그 길이가 같은 사각형
⑤ 두 대각선이 서로 다른 것을 이등분하는 사각형

이제 무엇을 평행사변형이라고 하는지, 평행사변형이라면 어떤 성질을 가지고 있는지 그리고 어떤 사각형이 평행사변형이 되는지 잘 알게 되었어요. 평행사변형의 정체를 낱낱이 밝힌 여러분에게 평행사변형이 우리에게 치는 장난을 하나 소개할까 합니다.

다음 그림에서 파란색 선과 회색 선 중 어느 것이 더 길까요?

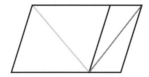

아이들은 당연하다는 듯이 말했습니다.

"에이~ 당연히 파란색 선이 더 길잖아요. 아닌가요?"

아이들은 자신 있게 대답해 놓고선 갑자기 기어드는 목소리
로 되묻고 말았습니다.

그래요? 그렇다면 다음 그림에서 선분의 길이, 가운데 동그
라미의 크기, 가로선의 평행 여부는 어떤가요?

엇? 왼쪽의 선분이 더
길어 보이는데…….

왼쪽의 가운데 동그라미가
오른쪽의 가운데 동그라미보다
더 커 보이고…….

가로선끼리
전혀 평행하게 보이진 않는데
말야. 아이고 어지러워라~

사실 첫 번째 그림에서 두 선분의 길이는 같고, 두 번째 그림에서 가운데 동그라미의 크기도 같습니다. 마지막 그림에서의 가로선은 모두 평행합니다. 하지만 그렇게 보이지 않지요. 이렇게 사실과는 다르게 보이는 현상을 착시 현상이라고 합니다.

위에서 본 평행사변형 안의 색이 다른 두 선분도 사실은 그 길이가 같답니다. 평행사변형에서 기울어진 변 때문에 일어나는 착시 현상이지요. 사실 가운데 그려 놓은 선분이 없더라도 파란색 선이 더 길어 보이는 현상은 여전합니다. 앞으로 보게 될 사각형에서도 이런 재미난 경험을 하게 될지도 모르지요. 즐거운 기대감을 안고 우리 다음 사각형을 향해 달려 볼까요?

❶ 평행사변형의 정의

두 쌍의 대변이 각각 평행한 사각형을

평행사변형이라고 합니다.

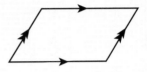

❷ 평행사변형의 성질

① 두 쌍의 대변의 길이가 각각 같습니다.

② 두 쌍의 대각의 크기가 각각 같습니다.

③ 두 대각선은 서로 다른 것을 이등분합니다.

❸ 평행사변형의 조건

① 두 쌍의 대변이 각각 평행한 사각형

② 두 쌍의 대변의 길이가 각각 같은 사각형

③ 두 쌍의 대각의 크기가 각각 같은 사각형

④ 한 쌍의 대변이 평행하고 그 길이가 같은 사각형

⑤ 두 대각선이 서로 다른 것을 이등분하는 사각형

우직하지만
알뜰살뜰한
직사각형

직사각형의 정의와 성질에 대해 공부합니다.

수업 목표

1. 직사각형의 정의를 알아봅니다.
2. 직사각형의 성질을 알아봅니다.
3. 직사각형의 생활 속 활용에 대해 알아봅니다.

미리 알면 좋아요

1. 복사용지

복사용지의 규격은 1909년 독일의 프리드리히 오스트발트가 최초로 만들었고, 1922년에 독일 공업 규격 위원회에서 채택하였습니다.

이때 가장 긴 규격 용지의 넓이를 $1m^2$로 정했고 그중 황금 비율로 가로와 세로의 길이를 정한 결과 A0 용지는 $1189 \times 841mm$가 되었습니다. 이것을 반으로 자른 것이 A1, 다시 반으로 자르면 A2가 됩니다. 또한 가장 큰 용지의 넓이를 $1.5m^2$로 정하게 되면 그 용지의 규격은 $1456 \times 1030mm$가 되는데, 이것이 B0 용지입니다. 이것을 반으로 계속 자르면 다음과 같이 B1, B2, B3, B4, B5 용지가 되는 것입니다.

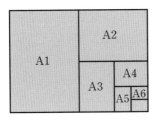

A0 용지 $1189 \times 841mm$

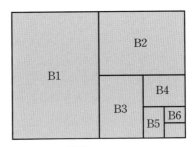

B0 용지 $1456 \times 1030mm$

2. 그리스의 파르테논 신전

그리스 아테네의 아크로폴리스에 있는 신전으로, B.C. 479년에 페르시아인이 파괴한 옛 신전 자리에 아테네인이 아테네의 수호 여신 아테나에게 바치며 지은 것입니다. 도리스식 신전의 극치를 나타내는 걸작이며, 신전의 안정된 비례와 장중함은 그리스 정신의 집대성이라 할 수 있습니다.

3. 석굴암 본존불상

석굴암은 신라 경덕왕 10년인 751년도에 당시 대상이었던 김대성이 창건을 시작하여 혜공왕 10년인 774년도에 완성하였으며, 건립 당시에는 석불사라고 불렀습니다. 원숙한 조각 기법과 사실적인 표현으로 완벽하게 형상화된 본존불은 석굴 전체에서 풍기는 은밀한 분위기 속에서 신비로움의 깊이를 더해 주고 있습니다. 현재 경주 석굴암 석굴은 국보 제24호로 지정되어 관리되고 있으며, 1995년 12월에 불국사와 함께 유네스코 세계 문화유산으로 공동 등록되었습니다.

피타고라스의
네 번째 수업

지난 시간 우리와 친해진 사각형은 평행사변형이었죠? 사다리꼴에서 나머지 두 변마저 평행하게 만들어 버린 평행사변형. 자, 이번에는 각의 조건을 좀 더 강화해 볼게요.

사다리꼴이자 평행사변형인 어떤 사각형에서 네 각의 크기가 모두 같도록 만들어 버리면 어떻게 될까요? 우리 한번 다 같이 생각해 볼까요?

아이들은 잠시 골똘히 생각하더니 이내 얼굴이 환하게 밝아졌습니다.

아아~ 아직 말하지 말아요. 우리가 있는 이 백화점 3층에서 한번 찾아보자고요. 여러분이 머릿속에 떠올린 그 사각형 모양의 제품이 어디에 있나, 누가 한번 말해 볼까요?

네 각의 크기가 모두 같은 평행사변형은 어떤 사각형일까요?

바로 여기 있죠.

버스카드

저기에도 있어요.

LCD TV

푹신한 직사각형 침대!

폴짝

폴짝

"선생님, 너무 많아서 무엇부터 말해야 할지 모르겠어요. 이곳 백화점 3층 코너에는 특히 그런 물건이 많아요. 저기 가전제품 코너에 있는 TV, 냉장고, 세탁기 같은 것들 그리고 침구류에서는 이불, 식탁보, 커튼 같은 것들이 모두 직사각형 모양을 하고 있거든요."

"그것뿐만이 아니에요. 이곳 백화점에서 물건을 살 때 쓰는 신용 카드, 그리고 우리가 건네받는 영수증도 같은 모양을 하고 있어요."

맞아요. 벌써 여러분은 그런 사각형의 이름까지도 알고 있군요. 네 각의 크기가 모두 같은 사각형, 우리는 이 도형을 직사각형이라고 합니다. 사각형은 내각의 크기의 합이 360°인데, 4개의 각이 모두 크기가 같으려면 한 각이 90°가 되어야 하지요.

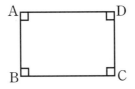

아까도 말했지만, 이 직사각형은 이미 사다리꼴이자 평행사변형이기 때문에 그 두 도형이 가지는 특별한 성질을 모두 물

려받았어요. 그렇다면 우린 네 각이 같다는 조건 때문에 생기는 더욱 특별한 직사각형만의 성질을 찾아보면 되겠지요?

네 각이 같으면 어떤 일이 벌어지게 될까요? 변과 각에 대해선 이미 충분히 살펴보았으니 대각선으로 눈을 돌려 볼게요. 역시 그림을 그려 보아야 아이디어가 퐁퐁 솟겠죠?

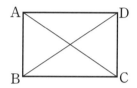

흠~ 그림을 보니까 대각선의 길이가 같아 보이는군요. 어때요? 여러분 눈에도 그런가요? 하지만 지난 시간에 배운 착시 현상일 수도 있으니 역시 증명을 하고 나야 맘 편히 결론을 내릴 수 있을 겁니다. 두 선분의 길이가 같다는 것을 증명해야 하니 그 두 선분이 각각 변이 되는 삼각형들을 찾아서 합동이라고 밝혀 주면 되겠죠? 어떻게 증명해야 할지 계획을 세웠으니 차분하게 증명을 한번 해 봅시다.

두 선분이 변이 되는 삼각형이라……. 파란색 삼각형과 회색 삼각형 2개로 확인하면 되겠네요. 그렇다면 이 두 삼각형은 합동이 될 수 있을까요?

우선 함께 공통으로 갖는 선분은 당연히 길이가 같습니다. 직사각형의 정의가 그러니 당연히 $\angle B$와 $\angle C$는 $90°$로 크기가 같다고 할 수 있겠네요. 마지막으로 $\overline{AB}$와 $\overline{DC}$의 길이가 같음을 밝히면 되는데, 이건 직사각형의 두 대변이고 직사각형은 이미 평행사변형이니 대변의 길이는 같다는 것으로 마무리하면 되겠군요. 자, 이제 이 두 삼각형은 무슨 합동일까요?

"SAS 합동이에요."

맞아요. 그래서 두 대응변인 대각선에 해당하는 변의 길이가 같다고 할 수 있지요. 그렇다면 직사각형은 원래 평행사변형이니 대각선이 서로 다른 것을 이등분할 뿐만 아니라 그 길이마저 같다는 특별한 성질을 갖게 되는 거군요.

직사각형의 대각선 길이가 같기 때문에 TV나 컴퓨터 모니터의 크기를 말할 때 가로와 세로의 길이로 번거롭게 말하기보다 대각선의 길이로 말합니다. '17인치 모니터'와 같은 이야기를 많이 들었을 텐데 이 17인치라는 치수가 바로 모니터 대각선의 길이를 말하는 겁니다.

"그랬군요. 그런데 피타고라스 선생님! 이 경우에도 반대로 말하면 성립하나요? 흠, 그러니까 '대각선의 길이가 같은 평행사변형이면 직사각형이다.'라고 말해도 되냐는 거죠."

글쎄요. 이렇게 평행사변형을 만들어 놓고 대각선이 같아지도록 한번 밀어 보자고요.

"영차! 영차!"

어떻게 될까요? 대각선의 길이가 같아지려면 비뚤어지지 않게 똑바로 세워야 하지 않을까요? 당연히 이 경우도 증명할 수 있습니다. 대신 증명의 내용은 약간 바뀌겠지요? 우선 이때의 가정은 '대각선의 길이가 같다.', '평행사변형이다.'이고, 우리가 이끌어 내야 하는 결론은 '네 각의 크기가 같다.'는 것이겠죠?

대각선의 길이가 같은 평행사변형이면 직사각형이다.

〈가정〉 사각형은 평행사변형이다. 대각선의 길이가 같다.

〈결론〉 네 각의 크기가 같다.

〈증명〉 △ABC와 △DCB는 합동! 왜
냐면 대각선 길이가 같고, 대변의 길
이가 같으며, 공통인 변의 길이도 당
연히 같으니까 SSS 합동이지요.

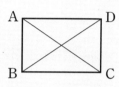

∠B랑 ∠C는 크기가 같은데 평행사
변형은 이웃하는 두 각의 크기 합이
180°이니까 둘이 나누어 가지면 90°
네요.

같은 방법으로 △BAD와 △CDA 역
시 SSS 합동!

따라서 네 각이 모두 90°인 사각형이
니까 직사각형입니다. 증명 끝~

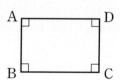

하지만 대각선의 길이가 같은 사각형을 직사각형이라고 할
수 있을까요?

"글쎄요, 그건 좀 의심스러운 이야기네요. 그냥 사각형인데
대각선의 길이만 같단 말이죠? 그럼 젓가락을 아무렇게나 서로
지나가게만 걸쳐 놓은 후 끝을 따라 연결하면 직사각형이 되어
야 한다는 건데……."

"에이, 그건 아니에요. 자, 보세요."

"이건 직사각형이 아니거든요!"

그래요. 저런 사각형들이 다 직사각형일 수는 없어요. 즉석에
서 반례를 아주 잘 들어 주었어요. 여러분이 이미 배운 등변사
다리꼴도 대각선의 길이는 같기 때문에 이 경우의 반례로 자격
이 충분할 것 같고요.

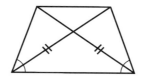

그럼 직사각형에 대한 보고서를 한번 작성해 볼까요?

직사각형에 대한 보고서

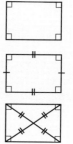

1. 정의: 네 각의 크기가 모두 같은 사각형
2. 성질: ① 두 쌍의 대변이 평행하고 그 길이가
　　　　　　각각 같다.
　　　　　② 두 대각선의 길이가 같고 서로 다
　　　　　른 것을 이등분한다.

　보고서에서 보듯이 직사각형의 최대 강점은 모든 각의 크기
가 다 같다는 점, 즉 90°라는 사실입니다. 이 덕분에 우리 생활
의 많은 곳에서 직사각형이 활용되고 있지요. 우리가 갔던 백
화점 문만 봐도 그렇고 창문도 대부분 직사각형입니다. 그 이
유는 빈틈없이 문을 닫기가 매우 편리하기 때문이에요. 종이를
잘라서 만든 책도 거의 대부분 직사각형인데, 책을 만들 때 종

이가 거의 남지 않기 때문에 매우 경제적이지요.

스포츠 경기장 중에도 직사각형으로 만들어진 곳이 많습니다. 두 팀이 자신들의 진영을 가지고 경기하는 배구, 농구, 축구, 테니스, 배드민턴 같은 경기장은 물론이고 직선 코스로 여러 명이 경주하는 수영장도 직사각형입니다.

이런 경기장들이 직사각형이 아니라면 공정하게 경기를 운영하는 데 불편함이 많겠지요? 여러 명의 수영 선수가 시합을 하는데 직사각형이 아니라 사다리꼴 경기장에서 한다면 양쪽 끝에 있는 선수들은 가운데 선수들에 비해 더 많이 왔다 갔다 해야 할 거예요. 같은 조건에서 시합을 하는 것이 아니니 기록이 중요한 수영 경기에서는 있을 수 없는 일이 되지요.

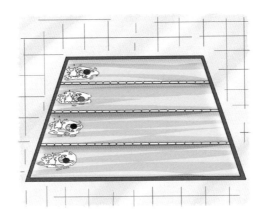

직사각형 모양의 물건들을 찾으면서 여러분은 책과 종이도 이야기해 주었습니다. 맞아요. 여러분이 많이 보는 것처럼 A4 용지나 책의 모양은 직사각형입니다. 여러분, 왜 직사각형이 많을까요? 두 권의 책을 한 번만 비교해 보아도 금방 그 답을 얻을 수 있겠지요?

동해물과 백두산이 마르고 닳도록 하느님이 보우하사 우리나라 만세. 무궁화 삼천리 화려강산. 대한 사람 대한으로 길이 보전하세.

동해물과 백두산이 마르고 닳도록 하느님이 보우하사 우리나라 만세. 무궁화 삼천리 화려강산. 대한 사람 대한으로 길이 보전하세.

글을 인쇄하는데 평행사변형 같은 도형에 맞추어 인쇄한다면 불편하게 글을 읽어야 한다는 걸 알 수 있어요. 하긴 이건 습관을 들이면 좋아질 수도 있겠지요. 하지만 경제적인 이유도 무시할 수가 없습니다. 종이가 직사각형이면 다양한 크기의 종이를 만들기가 매우 쉽고, 그렇게 만드는 방법이 자르고 남은 것이 없어서 낭비가 없기 때문입니다.

여러분이 자주 사용하는 복사용지 시리즈를 한번 생각해 보세요. A 시리즈의 경우 전지 A0 용지는 841×1189mm이고,

이 종이를 딱 반으로 접어서 자른 종이가 A1입니다. 그리고 또 다시 절반으로 자르면 A2, A3, A4, …… 이런 식으로 제작되지요. 그러니까 전지를 잘라서 다양한 사이즈의 닮은 직사각형 종이를 만들 수 있게 되고 이렇게 종이를 만들게 되면 낭비하는 것이 없을뿐더러 닮은 도형이기 때문에 확대하거나 축소해서 고스란히 복사할 수 있게 됩니다.

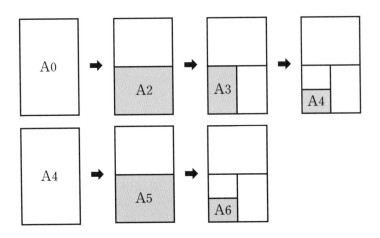

하지만 평행사변형으로 만든다면? 남는 종이도 많을뿐더러 닮은 도형을 만들어 내는 것도 약간은 골치 아픈 작업이 되겠지요.

   이렇게 직사각형의 편리함을 이용하면서 사람들은 더 나아
가 좀 더 아름답고 안정적인 모양을 추구하게 되었습니다. 여
러분, 다음 직사각형들을 한번 보겠어요? 어떤 사각형이 가장
마음에 드나요?

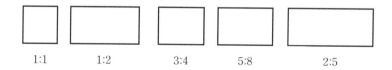

1:1   1:2   3:4   5:8   2:5

뭐, 각자 마음에 드는 직사각형이 다를 수는 있는데 독일의 페히너라는 심리학자가 사람들에게 같은 질문을 한 결과 5:8의 직사각형이 가장 인기가 높았다고 합니다. 여러분, 예로부터 사람들에게 왠지 모르게 호감이 들게 하는 비율이 있는데, 1:1.6 정도에 해당되는 이 비율을 가리켜 황금비라고 합니다.

"우아, 비율에 황금이라는 이름이 붙여져 있다고요? 그럼 이 황금비는 어떤 곳에 이용되나요?"

생각보다 여러분 가까이에 있답니다. 신용 카드, 명함과 같은 것은 물론이고 아테네의 파르테논 신전이나 석굴암의 본존불상에도 황금비가 숨어 있다고 하니까요.

자, 이렇게 해서 이번 시간에는 네 각의 크기가 같은 사각형에 대해서 배웠습니다. 다음 시간을 위해서 같은 층의 백화점 옆 동으로 가 볼까요? 아~ 나는 직사각형의 카드로 물건을 조금 사서 갈 테니 여러분 먼저 가도록 하세요. 룰루랄라~

수업 정리

❶ 직사각형의 정의

네 각의 크기가 모두 같은 사각형

❷ 직사각형의 성질

① 두 쌍의 대변이 평행하고 그 길이가 각각 같습니다.

② 두 대각선의 길이가 같고 서로 다른 것을 이등분합니다.

❸ 직사각형이 되려면

대각선의 길이가 같은 사각형은 안 되지만, 대각선의 길이가 같은 평행사변형은 직사각형이 됩니다.

쭉쭉 잘 늘어나서
유용한 마름모

마름모의 정의와 성질에 대해 공부합니다.

1. 마름모의 정의를 알아봅니다.
2. 마름모의 성질을 알아봅니다.
3. 마름모가 되는 사각형에 대해 알아봅니다.

미리 알면 좋아요

1. 빗변

직각삼각형에서 직각과 마주 보는 변을 '빗변'이라고 합니다.

2. 직각삼각형의 합동

두 직각삼각형에서 빗변의 길이가 같다는 조건이 있을 때, 다음과 같은 합동 조건으로 합동을 증명할 수 있습니다. 이때 R은 직각Right angle을, H는 빗변 Hypotenuse을 나타내는 약자입니다.

· 빗변의 길이, 다른 한 변의 길이가 서로 같다. RHS합동
· 빗변의 길이, 한 내각의 크기가 서로 같다. RHA 합동

하지만 빗변의 길이가 같다는 조건이 없을 경우, 합동임을 밝힐 때는 일반적 인 삼각형의 합동조건인 SSS, SAS, ASA 합동조건으로 증명하면 됩니다.

피타고라스의
다섯 번째 수업

여러분, 많이 기다리진 않았지요? 황금
비의 신용 카드를 이용해 작은 물건을 하
나 사 오느라고 조금 늦었어요.

"우리에게도 보여 주세요. 꽤 길어 보
이는데요?"

뭐, 그리 길다고도 볼 수 없어요. 이렇게 하면 다시 모양이 줄
어드니까요.

"어? 그건 우리 집에도 있는 건데? 옷걸이네요."

맞습니다. 벽에 고정해 놓고 옷도 걸고 모자도 걸고 때론 가방도 거는 옷걸이예요. 이번 시간에 우리가 배울 도형이 바로 이 옷걸이와 관련이 있답니다. 지난 시간에 배운 직사각형은 평행사변형에서 각의 조건이 까다로워진 사각형이었죠. 이번에 우리는 다시 평행사변형으로 돌아가서 변에 대한 조건이 까다로워진 사각형을 배워 볼 예정입니다. 다시 말해, 네 변의 길이가 모두 같은 사각형을 집중 탐구해 볼 거라고요.

"아하~ 그래서 피타고라스 선생님의 옷걸이와 관련이 있는 거군요."

네, 바로 그 옷걸이가 쭉쭉 잘 늘어나긴 하지만 결국 변의 길이는 그대로인 사각형이거든요.

"그것 말고 비슷한 게 우리 집에 또 있어요. 뒤 베란다에 설치

된 빨래걸이요. 우리 엄마는 빨래를 너실 때만 줄을 잡아당겨서 빨래걸이를 내리고, 빨래가 없을 땐 쭉쭉 잡아당겨서 올려놓으시거든요. 변의 길이

가 같기 때문에 이런 물건이 활용될 수 있는 것 같아요."

맞아요. 사실 여러분이 백화점 입구를 들어올 때도 바로 이 도
형을 스쳐 지나왔답니다. 아,
이 창문으로 밖을 내다보면
보일 수도 있겠군요. 바로 저
거예요.

낮에는 한쪽으로 잡아당겨
서 차와 사람이 지나가게 하지만 밤이 되어 백화점을 문을 닫
을 땐 다시 원상태로 쭉 늘여서 입구를 막아 버리죠. 역시 사각
형의 변의 길이는 모두 같다는 것, 눈으로 확인할 수 있겠지요?

이렇게 네 변의 길이가 같은 사각형을 마름모라고 합니다.

"그런데 선생님! 늘 궁금했는데 왜 마름모만 마름모라고 부
르나요? 그러니까 제 말은 평행사변형이나 직사각형이라는 이
름은 듣기만 해도 대충 어떤 도형인지 알 수 있게 수학다운데
마름모만큼은 그렇지 않단 말이에요. 사실 무슨 말인지도 잘
모르겠고요."

그렇군요. 그리고 보니 마름모만 특이한 이름을 갖고 있군요.
마름모는 한자어 능형菱形을 번역한 이름이랍니다. 여기서 '능'

이라는 건 '마름'이라는 물에서 사는 풀을 의미하죠. 어떻게 생겼는지 그 풀을 보여 주면 아마 여러분도 고개를 끄덕이게 될 겁니다.

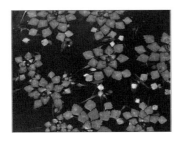 

뭐, 우리가 말하는 완전한 사각형은 아니지만 얼핏 보기에 옛날 사람들의 눈에는 네 변이 모두 같은 것처럼 보였나 봅니다. 또 '모'라는 것은 두부 한 모, 도토리묵 세 모라고 말할 때 쓰는 것처럼 네모나게 썰어 놓은 모양을 의미하지요. 그래서 능형을 번역하다 보니 마름모라고 부르게 된 것입니다.

"서양에서는 뭐라고 하나요? 거기서도 우리처럼 풀이름으로 부르나요?"

흠, 모양을 따서 부르는 것은 비슷하지만 풀이름은 아니랍니다. 마름모를 영어로는 rhombus라고 하는데 그것은 옛날 악기라고 합니다. 그 악기의 모양이 이와 비슷하다고 해서 붙였다고 하는군요.

이제 이름도 소개받았으니 이 특별한 도형의 성질을 파고들어 볼까요? 물론 직사각형이 그랬듯이 마름모도 평행사변형에서 변의 조건만 더 까다롭게 만든 것이므로 당연히 평행사변형의 성질을 모두 고스란히 물려받았겠지요. 거기서 더 특별해진 것만 찾아보면 된답니다. 역시 대각선을 집중적으로 보는 것이 좋겠지요. 나의 옷걸이를 쭉쭉 폈다 오므렸다 할 테니 대각선의 특징이 무엇일지 한번 생각해 보세요.

 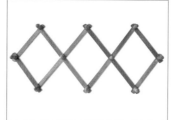

그래도 알 듯 모를 듯 하다고요? 이 옷걸이에는 대각선이 직접적으로 보이질 않아서 그렇군요. 그럼 그림으로 그려서 다시 보여 줄게요.

 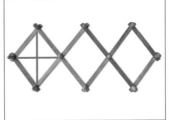

"피타고라스 선생님! 그림으로 보니까 단번에 눈에 보이는걸요? 대각선이 말이에요. 우선 결코 길이가 같진 않아요. 그래도 평행사변형이니까 서로 다른 것을 이등분하고 있군요. 흠, 가만있자……. 그러고 보니 마름모를 쭉 늘이거나 오므려도 변하지 않는다는 것을 알 것 같긴 하네요. 대각선이 서로 수직하는 것 같거든요. 그걸 한번 증명해 보는 게 좋겠어요."

오케이, 거기까지! 그럼 증명은 같이 해 볼까요?

수직한다는 것을 보이기 위해 각도기로 재는 건 옳지 않은 방법이죠. 그렇다면 맞대고 있는 두 각이 같다는 걸 보이는 수밖에 없군요. '그 각을 포함하고 있는 두 삼각형이 합동이다.' 이쪽으로 증명의 방향을 잡아 보죠.

그럼 여러분이 그 각이 포함되도록 삼각형 2개를 색칠해 보겠어요?

아이들은 색칠한 삼각형을 들고 피타고라스에게 보여 주었습니다.

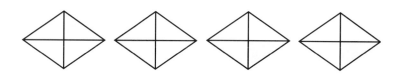

좋아요. 저마다 색칠한 삼각형이 조금씩 다르긴 하지만 어떤 경우든 마찬가지이니 첫 번째 그림으로 시작해 봅시다.

이 두 삼각형은 합동인가요?

 우선, 마름모의 정의에 의해 표시된 두 변의 길이는 같지요.

 이제 보니 공통인 변도 있군요. 당연히 그 길이가 같고요.

 아하, 대각선이 서로 다른 것을 이등분한다고 했으니 나머지 변의 길이도 같군요.

그렇다면 SSS 합동이군요. 그러면 이제 대응각의 크기가 같다고 할 수 있고요. 그 대응각은 둘이 합해서 평각을 이루어야 하니 결국 각 하나가 90°가 된다는 말이겠네요.

우리가 예상했던 대로 대각선이 수직
으로 만난다는 것을 증명해냈습니다.

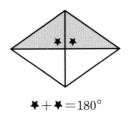

이쯤에서 마름모에 관한 보고서도 작
성해 볼까요?

$$\bigstar + \bigstar = 180°$$

마름모에 대한 보고서

1. 정의: 네 변의 길이가 같은 사각형

2. 성질: ① 두 쌍의 대변이 각각 평행하다.

　　　　② 두 쌍의 대각의 크기가 각각 같다.

　　　　③ 두 대각선은 서로 다른 것을 수직이등분한다.

 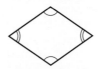

자, 이번에는 거꾸로 질문을 한번 해 볼게요.

대각선이 수직으로 만나면 마름모일까?

"피타고라스 선생님, 이제 우리도 그 정도는 쉽게 생각할 수 있다고요. 수직으로 만나기만 하는 조건이라면 이런 것도 마름모라고 하게요?"

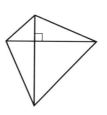

오호~ 이젠 반례도 척척이군요. 그래요. 대각선이 수직으로 만나는 것만으로는 마름모가 된다는 보장을 할 수 없군요. 그건 마치 대각선이 서로 다른 것을 이등분한다고 마름모라고 할 수 없는 것과 같이 2% 부족한 조건이 되는 셈이에요. 이러면 어떨까요?

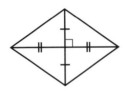

대각선이 수직이등분하는
사각형은 마름모가 된다.

이건 한번 도전해 볼 만하죠? 그림에서 힌트를 얻도록 해 보죠. 그림을 그리고 가정을 표시해 보니 이거 뭐, 누워서 피자 먹기보다 더 쉽군요. 바로 SAS 합동조건을 만족한다는 거 보이죠? 그래서 오른쪽 페이지의 색칠된 두 삼각형은 일단 합동이고 빗변의 길이는 정확하게 같다는 것을 알 수 있습니다. 마찬가지로 그 옆에 있는 두 삼각형도 합동이고 빗변의 길이가 같지요. 결국 이런 식으로 도미노 증명을 한다면 사각형의 네 변의 길이가 모두 같다는 것으로 증명을 마무리하게 되네요.

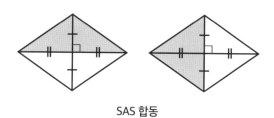

SAS 합동

　지금 마름모의 정의와 성질을 보면 알 수 있듯이 마름모의 최대 특징은 역시 네 변의 길이가 같다는 것입니다. 이런 성질을 이용한 경우는 뭐가 있을까요? 홈-1루-2루-3루-홈까지의 거리가 모두 같아야 하는 야구 경기장이 바로 마름모입니다.

일반적으로 각 베이스 사이의 거리는 90피트, 약 27.43m라고 합니다. 이런 이유 때문에 흔히 야구 경기장을 '다이아몬드 구장'이라고 합니다.

"그런데 선생님, 각도기가 없이 마름모를 쓱싹 잘 그리긴 힘든 것 같아요. 쉽게 마름모를 그릴 수 있는 방법이 있을까요?"

좋습니다. 아주 쉽게 마름모를 만드는 방법을 알려 드리죠. 옆으로 조금 긴 종이 두 장만 있으면 간단히 해결됩니다. 단 이때 두 종이의 폭은 똑같아야 합니다. 그럼 준비되었나요? 이제 그 두 종이를 비스듬히 겹쳐 보세요. 이렇게요.

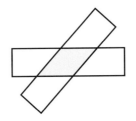

바로 이렇게 겹쳐진 부분이 정확하게 마름모입니다.

"선생님, 종이가 원래 직사각형이었으니 마주 보는 두 쌍의 대변은 분명히 평행하겠네요. 따라서 일단 평행사변형인 건 알겠는데 과연 그 길이가 모두 같을까요?"

그래요? 그런 의심이 든단 말이죠? 좋습니다. 증명해 드리죠.

평행사변형은 틀림없다고 했으니 대변끼리 그 길이가 같다는 건 증명하지 않아도 되겠지요? 그럼 남은 건 한 가지. 이웃하는 두 변의 길이가 같다는 것만 보이면 되는군요. 이렇게 2개의 직각삼각형을 생각해 보기로 합시다.

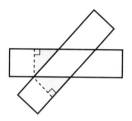

그 순간 아이들 사이에서 아~ 하는 소리가 흘러나왔습니다.

그래요. 벌써 눈치챈 친구들도 있군요. 그 두 직각삼각형이 합동이라는 것만 보이면 빗변의 길이가 같은 걸로 마무리할 수 있습니다. 그렇다면 이 둘은 과연 합동일까요?

이것을 증명하기 전에 여러분에게 '잠깐 퀴즈' 하나를 내 볼까 합니다. 여러분, 다음 그림에서 파란 선 안에는 5개의 복숭아가 있고 검은 선 안에도 5개의 복숭아가 있다고 합시다. 그럼 겹치지 않는 부분에는 각각 몇 개의 복숭아가 숨겨져 있는 걸까요?

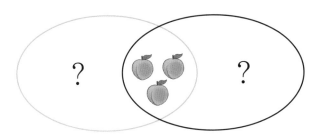

"에이, 각각 다를 게 있나요? 그야 당연히 똑같이 2개씩 들어 있겠죠."

그렇죠? 그럼 여러분은 이제부터의 증명을 이해할 자격이 충분히 있습니다. 좀 전의 그 얘기로 다시 돌아가 보죠.

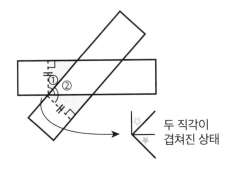

두 직각이
겹쳐진 상태

종이의 폭은 똑같다고 했으니까 일단 한 변의 길이는 같습니다. 그리고 수직으로 내렸으니 직각인 두 각도 크기가 같고요. 이제 나머지 한 각이 같다는 것을 보일 건데 그림에서 ①번 각과

②번 각이 모두 90°인 상태에서 그 사이에 똑같은 위치의 각을 동시에 품고 있으니 나머지 각들 ☆와 ★은 같을 수밖에 없겠지요? 겹치지 않는 곳의 복숭아가 똑같이 2개인 것처럼 말이에요.

그래서 그 두 직각삼각형이 ASA 합동임을 밝히게 된 겁니다. 자, 그럼 두 직각삼각형의 빗변의 길이는 같게 되고, 그 두 빗변은 결국 색칠된 사각형이 마름모라는 걸 밝히는 중요한 열쇠가 된 거지요.

아이들은 종이를 어떻게 겹치든 마름모가 된다는 사실에 신기해하면서 피타고라스의 뒤를 따라갔습니다.

지난 시간에 이어 평행사변형에서 조금씩 서로 다른 갈림길로 발전해 간 직사각형과 마름모를 살펴보았어요. 우직한 직사각형, 유연한 아름다움을 자랑하는 마름모. 다음 시간에는 이 둘이 다시 한 길에서 만나게 되면서 빚어내는, 둘의 특징을 모두 쏙 물려받은 한 사각형의 탄생을 배우도록 하겠습니다. 그럼 우리 다음 공부를 위해 한 층 더 올라가 볼까요?

❶ **마름모의 정의**

네 변의 길이가 같은 사각형

❷ **마름모의 성질**

① 두 쌍의 대변이 각각 평행합니다.

② 두 쌍의 대각의 크기가 각각 같습니다.

③ 두 대각선은 서로 다른 것을 수직이등분합니다.

❸ 대각선이 수직으로 만나는 사각형이 모두 마름모인 것은 아닙니다.

❹ 대각선이 수직이등분하는 사각형은 마름모입니다.

❺ 두 직사각형을 겹쳐 놓으면 마름모를
만들 수 있습니다.

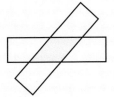

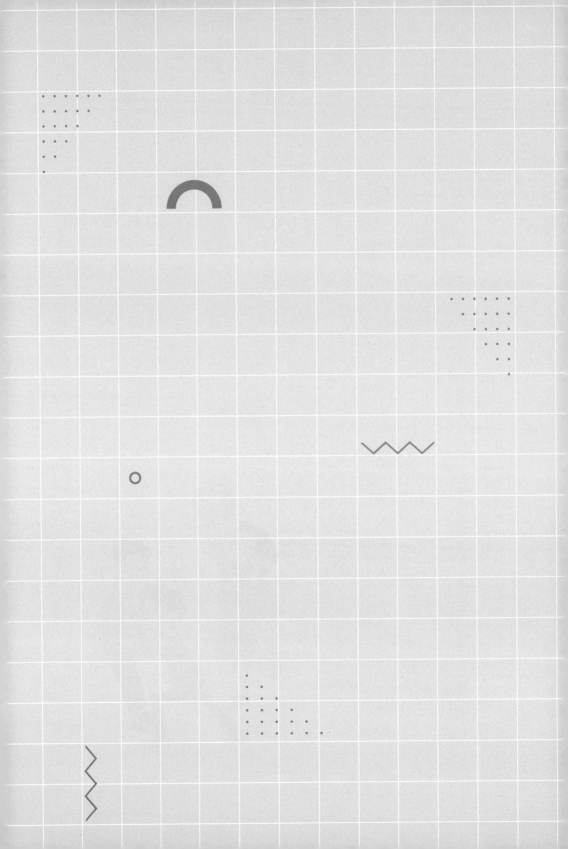

신통방통
완벽한 정사각형과
사각형들의 관계

정사각형의 정의와 성질 및 사각형들의
관계에 대해 공부합니다.

수업 목표

1. 정사각형의 정의와 성질을 알아봅니다.
2. 사각형들의 관계에 대해 알아봅니다.
3. 사각형의 중점을 연결한 도형에 대해 알아봅니다.

미리 알면 좋아요

1. 이사도라 덩컨 Isadora Duncan

미국의 무용가로, 전통 무용을 배웠으나 예술과 개인 생활에서 전통과 관습을 거부하는 파격을 보인 인물입니다. 그녀는 고대 그리스 무용에서 영감을 얻었으며 맨발로 무대에 선 것으로 유명합니다. 여성 해방과 현대 무용에 기여한 업적으로 많은 찬미자를 갖고 있습니다.

2. 조지 버나드 쇼 George Bernard Shaw

아일랜드에서 태어난 영국의 극작가·소설가·비평가로, 1876년 런던으로 온 그는 영국 연극계에서 최초의 문제작이 된 <홀아비의 집>을 써서 유명해졌습니다. 1893년에는 매춘부를 다룬 <워렌 부인의 직업>이란 연극을 쓰고 극작가로서 유명해지게 되었으며, 이후 <인간과 초인>으로 1925년에 노벨 문학상을 받았습니다. 그는 '우물쭈물하다가 내 이럴 줄 알았다.'라는 묘비명으로도 유명합니다.

3. 삼각형의 중점 연결 정리

삼각형의 두 변의 중점을 연결한 선분은 나머지 한 변과 평행하고, 그 길이는 나머지 한 변 길이의 절반이 됩니다.

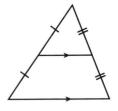

피타고라스의
여섯 번째 수업

여러분, 모두 4층으로 잘 올라왔나요? 이번 시간에는 3층에서 만났던 두 사각형의 좋은 점을 쏙쏙 다 닮은 사각형을 만나 볼 거예요. 이 이야기를 하려다 보니 아주 유명한 두 사람의 청혼 이야기가 생각나네요.

현대 무용의 어머니라고 불리는 유명한 미국의 무용가 이사도라 덩컨이라는 사람이 있었거든요. 이사도라는 당시 아일랜드의 유명 작가인 조지 버나드 쇼를 열렬히 사모했다고 합니다. 노벨 문학상까지 받은 굉장히 지적인 이 남자에게 이사도라는 이런 말로 청혼했다고 해요.

"당신과 제가 결혼한다면 우리 아이들은 당신의 지성과 저의 미모를 타고날 거예요. 그러니 우리 결혼해요."

이사도라 덩컨

그러자 그 말을 들은 버나드 쇼는 이 한 마디를 남기고 떠났다고 합니다.

"내 못생긴 얼굴에 당신의 텅 빈 머리가 될지도 모르지요."

조지 버나드 쇼

하하, 이건 웃자고 한 소리이고 지금부터 직사각형 아빠와 마름모 엄마 사이에서 그들의 아주 특별한 성질을 고스란히 물려받은 자식인 사각형을 소개할까 합니다.

직사각형은 네 각의 크기가 모두 같고 마름모는 네 변의 길이가 모두 같은 사각형이니, 네 각의 크기가 같고 동시에 네 변의 길이도 같은 사각형이 바로 이 시간의 주인공이 되겠지요.

바로 이런 사각형을 정사각형이라고 합니다. 여러분은 정사각형이라고 하면 어떤 것들이 떠오르나요?

아이들은 저마다 생각나는 것을 말하느라 난리입니다.

"보자기요."
"손수건이요."
"권투 경기장도 정사각형이에요."

"제가 좋아하는 리듬 체조도 정사각형 모양의 체조 경기장에
서 하던데요?"

그래요. 이리 보고 저리 봐도 반듯한 정사각형은 사다리꼴이
면서 평행사변형이고 또한 직사각형이면서 마름모인 신통방통
한 사각형입니다. 지금까지 말한 사각형들의 특징을 모두 갖고

있다는 말이기도 하지요.

정사각형에 대한 보고서

1. 정의: 네 각의 크기가 같고 네 변의 길이가
    같은 사각형
2. 성질: ① 두 쌍의 대변이 각각 평행하다.
    ② 두 대각선은 길이가 같고 서로 다른 것을 수직이
    등분한다.

"지금까지 조건을 까다롭게 추가하면서 여기까지 온 거네요. 선생님, 그런데 사각형의 종류가 많아서 조금은 어지러워요. 한눈에 알아볼 수 있게 사각형들의 관계를 한번 정리해 주실 수 있나요?"

좋습니다. 지금까지 공부한 사각형들을 집합에서 배운 벤 다이어그램으로 한번 표현해 보기로 하죠.

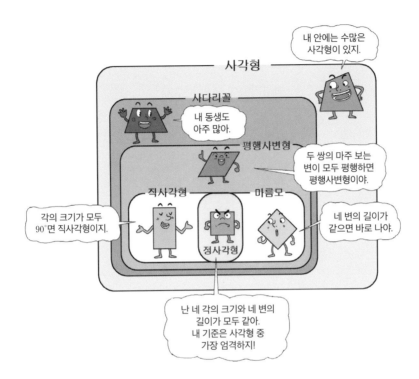

어때요? 한눈에 알아보기 쉽죠? 이번에는 조건을 중심으로 사각형의 관계를 이렇게 나타내 보도록 합시다.

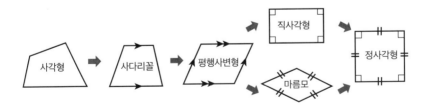

이 정도면 사각형계에서 주름잡고 있는 주요 선수는 모두 만나 본 셈이 됩니다. 그 외의 아웃사이더 사각형이 좀 더 있긴 한데 마지막 시간에 여러분에게 소개하기로 하고요. 아직은 이 사각형들만을 가지고 좀 더 이야기해 보기로 하죠.

여러분, 우리가 지금까지 만나 본 사각형들을 가지고 재미있는 실험을 한번 해 볼 겁니다. 사각형들의 각 변의 중점을 잡아서 그 중점들을 연결해 보면 어떤 사각형이 될까요? 여러분의 생각을 한번 말해 볼래요?

"뭐, 해 보진 않았지만 평행사변형의 네 변의 중점을 연결하면 평행사변형, 마름모의 네 변의 중점을 연결하면 마름모, 그런 식이 아닐까요?"

그럴까요? 아무튼 뭔가를 실제로 해 보기 전에 추측하고 예상해 보는 건 아주 좋은 일이에요. 대신 막연히 추측하기보다는 무엇인가 근거를 가지고 유추해 보는 게 더 좋긴 합니다만……. 자, 먼저 아무렇게나 만든 못생긴 사각형부터 그려 보죠.

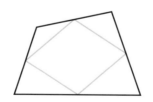

어떤가요? 무슨 사각형인지 알 수 있겠어요? 이 도형은 바로 평행사변형입니다. 그런 것도 같고 아닌 것도 같다는 표정이군요. 그렇다면 여러분에게 확신을 줄 수 있는 아주 좋은 도우미 선을 하나 소개하죠. 바로 대각선입니다.

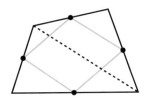

앗, 이 그림을 그려 보고도 모른다면 분명 '삼각형의 중점 연결 정리'를 모르기 때문일 것입니다. 헷갈리는 사람은 이 수업 전의 '미리 알면 좋아요'에서 이 정리를 읽고 오세요.잠시 책장을 넘겨 정리를 읽도록 해요~

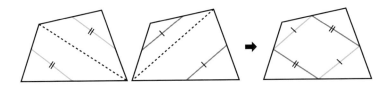

그러니까 이제 삼각형의 중점 연결 정리에 의해 그림의 파란색 선분끼리 평행하고 그 길이도 같게 되는 겁니다. 다른 대각

선의 절반 길이가 회색 선분이므로 역시 그 두 회색 선분도 평행하고 그 길이가 같지요. 하지만 두 대각선의 길이까지 같다는 보장은 없으니 네 변의 길이가 같다고는 할 수 없지요. 따라서 이 사각형은 두 쌍의 대변이 서로 평행한 평행사변형으로 결론 내릴 수 있습니다. 땅땅땅!

사실 이렇게 만들어진 평행사변형은 이름까지 붙어 있답니다. 이 사실을 처음으로 증명해 낸 프랑스인의 이름을 딴 '바리뇽 평행사변형'이지요. 바리뇽은 이 사각형이 평행사변형이라는 사실뿐 아니라 그 넓이가 원래 사각형의 절반이라는 것까지도 알아냈답니다.

"글쎄요, 넓이가 절반일 것 같아 보이진 않는데요. 어떻게 그걸 알 수 있어요?"

그래요. 이 경우엔 넓이가 절반이 될 거란 생각이 얼른 들지 않을 겁니다. 넓이를 계산해 보면 금방 알 수 있을 텐데 아직 우리는 사각형의 넓이를 구하는 방법을 배우지 않았으니 이 계산은 다음 시간으로 미뤄 두기로 하죠.

아무튼 특별하지 않은 사각형이라 중점을 연결해도 별 특징이 없는 사각형일 줄 알았는데 신기하게도 평행사변형이 나왔네요. 게다가 넓이도 딱 절반이라니.

"피타고라스 선생님! 그럼 우리 사다리꼴부터 하나씩 다 따져 봐요."

좋습니다. 사다리꼴도 두 가지로 살펴보는 것이 좋겠죠? 사다리꼴과 등변사다리꼴로 말이에요. 그림을 그려서 따져 보기로 합시다.

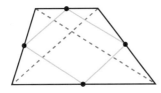
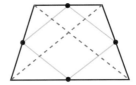

그저 보통의 사다리꼴은 아까 아무렇게나 만든 못난이 사각형에 비해 대각선의 길이가 같아진다든지 수직으로 만난다든지 하는 특별한 일이 일어나지 않기 때문에 그저 평행사변형이 만들어지는 것으로 끝나게 됩니다.

하지만 등변사다리꼴은 어떤가요? 이건 얘기가 조금 달라지네요. 왜냐하면 등변사다리꼴의 대각선의 길이가 같으니까 말이에요. 대각선의 길이가 같기 때문에 그 대각선 길이의 절반에 해당되는 사각형의 변의 길이가 모두 같게 되네요. '변의 길이가 모두 같다.' 이것은 바로 마름모의 정의잖아요? 그러니까 등변사다리꼴의 중점을 연결하여 만든 사각형은 마름모가 되는 것입니다.

이번에는 평행사변형으로 넘어가 보죠. 아주 평범한 평행사변형으로 그림을 그려 보겠습니다.

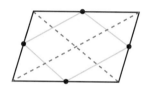

어떤가요? 이건 눈으로 봐도 금방 알 수 있을 정도지요? 이 경우의 평행사변형은 대각선의 길이가 서로 다르기 때문에 중점을 연결한 사각형은 역시 그저 평범한 평행사변형으로 끝나고 말았습니다.

다음으로는 직사각형과 마름모를 한꺼번에 보기로 합시다. 이둘은 평행사변형에서 갈라진 사이이니 중점을 연결한 사각형끼리도 뭔가 특별한 사이가 될 수 있으니까 말이에요.

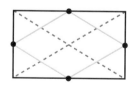
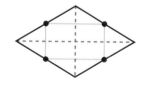

어때요? 역시 둘 사이에는 특별한 일이 일어났죠? 직사각형은 두 대각선의 길이가 같기 때문에 중점을 연결한 사각형 역시 네 변의 길이가 같게 되면서 마름모가 됩니다. 반면에 마름모는 대각선이 수직으로 만나기 때문에 중점을 연결한 사각형의 각이 직각이 되면서 네 각의 크기가 모두 같은 직사각형이 되지요.

그렇다면 정사각형의 중점을 연결한 사각형은 무엇이 될까요?

"그건 그림을 그리지 않아도 알 수 있을 것 같아요, 선생님! 그러니까 정사각형은 대각선이 길이가 같으면서 수직으로 만나니까 중점을 연결한 사각형도 네 변의 길이가 같고 동시에 네 각의 크기가 같게 되는 셈이죠. 그렇다면 그 사각형은 바로 정사각형인 거죠."

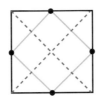

"중점끼리 연결한 사각형으로 원래 사각형의 특징을 알 수도

있는 거군요."

그런 셈이죠. 지금까지 우리는 사각형의 정의와 성질을 알아보았어요. 백화점에 있는 다양한 물건이 왜 그런 사각형을 따라 만든 것인지도 함께 보았고요. 이런, 얼굴들을 보니 다들 다리도 아프고 배도 고프다는 표정이군요. 좋아요. 잠깐 백화점 푸드 코트로 가서 쉬는 게 어떨까요? 그리고 거기서 사각형의 다른 이야기들을 함께 나누어 보기로 해요.

"좋아요, 피타고라스 선생님!"

❶ 정사각형의 정의

네 변의 길이가 같고 네 각의 크기가 같은 사각형

❷ 정사각형의 성질

① 두 쌍의 대변이 각각 평행합니다.

② 두 대각선은 길이가 같고 서로 다른 것을 수직이등분합니다.

❸ 사각형들의 관계

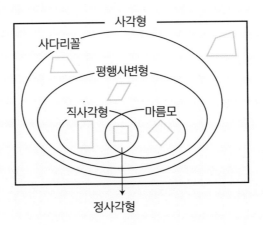

❹ 중점을 연결한 사각형

원래의 사각형	중점을 연결한 사각형	그림
사각형	평행사변형	
사다리꼴	평행사변형	
등변사다리꼴	마름모	
평행사변형	평행사변형	
직사각형	마름모	
마름모	직사각형	
정사각형	정사각형	

같은 원리,
다른 공식으로 알아보는
사각형의 넓이

사각형의 넓이와 평행사변형 속의 특별한
넓이에 대해 공부합니다.

1. 사각형의 넓이 공식을 알아봅니다.
2. 바리뇽 평행사변형의 넓이를 알아봅니다.
3. 평행사변형 속의 삼각형의 넓이를 알아봅니다.

미리 알면 좋아요

넓이가 같은 삼각형

한 삼각형의 밑변과 평행한 직선 위에 제3의 꼭짓점을 정하고 만든 삼각형은 모두 넓이가 같습니다. 왜냐하면 그 삼각형들은 합동은 아니지만 밑변의 길이와 높이가 각각 같기 때문입니다.

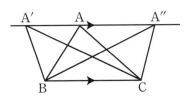

$$\triangle ABC = \triangle A'BC = \triangle A''BC$$

피타고라스의
일곱 번째 수업

여러분, 각자 먹고 싶은 음료를 하나씩 가지고 와서 이쪽 자리에 앉도록 하세요. 백화점의 한쪽에 자리 잡은 이 푸드 코트는 생각보다 넓진 않군요. 흠, 이곳의 바닥 면적은 얼마일까요?

"선생님, 푸드 코트의 바닥을 보니 직사각형이네요. 이 푸드 코트의 면적을 구한다는 건 결국 직사각형의 넓이를 구하는 거잖아요? 그러니까 가로의 길이와 세로의 길이를 알아야만 면적을 구할 수 있다고요."

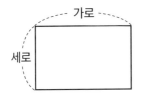

가로

세로

직사각형의 넓이

(가로의 길이) × (세로의 길이)

맞았어요. 그 두 가지의 길이를 잰 후 곱하면 면적을 구할 수 있게 되지요. 그리고 넓이의 단위는 가로와 세로의 길이를 잴 때 사용했던 자의 단위에 의해 결정되는 거고요.

얼마 전까지만 해도 보통 이런 곳의 면적을 구할 때 주로 '평' 단위를 사용했습니다. 여러분은 20평 아파트, 45평 사무실과 같은 말을 자주 들었을 겁니다.

하지만 이제는 세계적으로 통일된 단위를 사용하고 있지요. 바로 '미터법'입니다. 1평은 약 $3.3m^2$이니 20평짜리 아파트의 면적은 $66m^2$라고 하면 되겠죠? 그런데 이 $66m^2$라는 건 과연 무엇을 의미하는 걸까요? 그건 쉽게 생각해서 직사각형의 바닥에 가로 1m, 세로 1m인 정사각형 타일을 붙인다면 타일 66개가 들어간다는 말과 같습니다.

이번에는 삼각형의 넓이를 생각해 볼까요? 우리는 이것을 직사각형의 넓이로부터 얻어 낼 수 있습니다. 다음과 같은 삼각형에 직사각형의 그림을 함께 그려서 생각해 보면 결국 직사각

형 넓이의 절반이 된다는 것을 알 수 있지요. 이런 이유 때문에
삼각형의 넓이를 구할 땐 밑변의 길이와 높이를 곱한 다음에
반드시 2로 나누어 주게 됩니다.

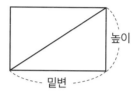

삼각형의 넓이

$$\frac{1}{2} \times (밑변의 \ 길이) \times (높이)$$

삼각형의 넓이를 구하는 공식을 얻어 낼 때의 이 아이디어, 바로 이 원리로 다양한 모양의 사각형의 넓이를 구하는 공식을 얻을 수 있습니다.

먼저 아무렇게나 그린 못생긴 사각형의 넓이는 어떻게 구할까요? 이거야 뭐, 너무 못생겨서 어찌할 도리가 없군요. 직사각형보다는 삼각형의 넓이를 이용해 구하는 수밖에요. 대각선 하나를 이용해 사각형을 삼각형 2개로 나누는 겁니다. 그리고 이 2개의 삼각형의 넓이를 각각 구한 다음 더해 주면 되지요. 그렇게 하려면 한 대각선의 길이와 두 삼각형의 높이가 필요하겠군요.

못생긴 사각형의 넓이

삼각형으로 나누어 구한다.

이번에는 직사각형을 조금 삐딱하게 밀어 놓은 듯한 평행사변형의 넓이를 구해 봅시다. 문제는 평행사변형이 직사각형에 비해 삐죽이 나온 부분이 있다는 거죠. 그런데 어차피 넓이를 구하는 거니 삐죽이 나온 부분을 잘 잘라서 갖다 붙이면 직사각형을 만들 수 있습니다. 여러분에게 나누어 준 평행사변형을 가위로 잘라 직사각형을 한번 만들어 보세요.

아이들은 그것쯤이야, 하는 표정으로 싹둑 잘라서 갖다 붙였습니다.

"선생님, 이렇게 잘라 붙이니까 영락없이 직사각형이네요. 결국 평행사변형의 한 변의 길이에다가…… 이렇게 자르면 결국 한 변과 수직인 셈이니 높이를 곱하면 되겠군요!"

맞습니다. 저처럼 모눈 위에 놓고 보면 더 확실하게 알 수 있지요.

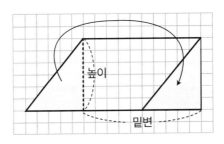

평행사변형의 넓이

(밑변의 길이)×(높이)

이번에는 사다리꼴의 넓이를 구해 볼까요? 사다리꼴은 아까와는 다른 방법으로 생각해 봅시다. 쌍둥이를 하나 더 만드는 겁니다. 그리고 그 쌍둥이를 뒤집어 슬쩍 옆에 갖다 붙이는 거죠. 이렇게~

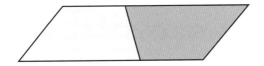

어떤가요? 쌍둥이를 갖다 붙인 결과가 말입니다. 정확하게

평행사변형이 되고 말았네요. 이건 전부 한 쌍의 대변이 평행하다는 사다리꼴의 특징에서 얻은 수확입니다. 자, 이제 평행사변형의 넓이를 구하는 공식을 가져다 쓰면 되겠군요. 그리고 원래는 쌍둥이의 합한 넓이가 아니라 딱 절반만 필요한 것이니 2로 나누면 되겠군요. 그렇다면 밑변의 길이는 원래 사다리꼴의 무슨 길이로 하면 될까요?

"그야, 그림에서 보다시피 윗변의 길이와 아랫변의 길이를 더하면 되네요."

그렇군요. 그 두 길이의 합에 높이를 곱한 후 2로 나눈다!

사다리꼴의 넓이

$$\frac{1}{2} \times \{(\text{윗변의 길이}) + (\text{아랫변의 길이})\} \times (\text{높이})$$

다음 사각형은 마름모인가요? 워낙 반듯하게 생긴 터라 여러분도 금방 알 수 있을 것 같은데 한번 해 볼까요?

아이들은 피타고라스에게 배운 여러 가지 방법을 써서 마름모의 넓이를 구하려고 했습니다.

그래요. 여러 가지 방법으로 넓이를 구하고 있군요. 모두 다 맞는 방법입니다. 그중에서 가장 간단해 보이는 방법을 소개하기로 하죠. 삼각형에서 했듯이 마름모의 꼭짓점을 지나는 직사각형을 그림처럼 그립니다.

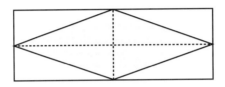

그러면 마름모의 넓이가 정확히 직사각형의 넓이의 절반이 된다는 것을 알 수 있지요. 그리고 그 직사각형의 두 변의 길이는 마름모의 대각선의 길이와 같다는 것도요.

마름모의 넓이
$$\frac{1}{2} \times (\text{두 대각선의 길이의 곱})$$

정사각형이야 굳이 말하지 않아도 직사각형에서 금방 알아낼 수 있지요. 그런데 정사각형은 가로의 길이와 세로의 길이가 같습니다. 따라서 정사각형의 넓이는 더욱 간단하게 나타낼 수 있게 됩니다.

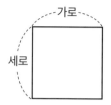

정사각형의 넓이

$(한 변의 길이)^2$

우리가 살펴본 사각형들의 넓이를 순식간에 확인해 봤군요. 결국 직사각형의 넓이를 구하는 방법을 통해 다른 사각형의 넓이를 모두 구한 셈입니다. 이 넓이들의 공식을 외우기보다는 같은 원리에서 탄생한 공식이라는 것을 기억하고 이해하는 것이 더 중요할 것 같네요.

그러자 한쪽에서 주스를 맛있게 먹던 아이가 손을 들었습니다.

"피타고라스 선생님! 지난 시간에 사각형의 넓이를 구할 때 다시 보여 주시기로 한 사각형의 넓이가 있어요. 그게 뭐랬더라. 바리뇽 평행사변형이라고 했나, 아무튼 그거요."

참, 잊고 지나갈 뻔했군요. 프랑스의 바리뇽이 증명한 그 평행사변형의 넓이를 지금 생각해 보기로 하죠. 모두 바로 아래

층에서 공부한 것이니 기억하겠죠?

> 아무렇게나 그린 못생긴 사각형의 중점을 연결하면 평행사
> 변형이 된다. 그리고 그 평행사변형의 넓이는 원래 못생긴
> 사각형의 넓이의 절반이다.

그러면 이 말이 진짜인지 실제로 넓이를 구해서 한번 비교해
보도록 하죠. 원래 사각형의 넓이와 중점을 연결해서 만든 사
각형의 넓이를 직접 따져 보자고요.

먼저, 원래 사각형! 앞에서 이렇게 못생긴 사각형은 삼각형
2개로 나눠서 넓이를 구하기로 했죠? 삼각형은 아무리 못생겨
도 넓이를 구할 수 있으니까 다음과 같이 대각선으로 보조선을
긋습니다.

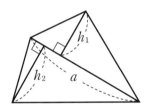

삼각형의 넓이를 구하려면 대각선의 길이가 필요하니까 그

길이를 a라고 합시다. 그리고 각 조각의 삼각형의 높이도 필요하니까 h_1, h_2라고 따로 이름 붙일게요. 그럼 이 못생긴 사각형의 넓이는?

$$\text{(못생긴 사각형)} = \text{(삼각형1)} + \text{(삼각형2)}$$
$$= \frac{1}{2}ah_1 + \frac{1}{2}ah_2$$
$$= \frac{1}{2}a(h_1 + h_2)$$

이번에는 중점을 연결한 사각형의 넓이를 구해 보죠.

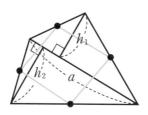

이 사각형이 평행사변형이니 밑변의 길이와 높이가 필요합니다. 그런데 밑변의 길이는 아까 그어 놓은 대각선의 길이의 절반이 되지요. 그래서 밑변의 길이는 $\frac{1}{2}a$입니다. 다음은 높이인데, 이것은 두 삼각형의 높이를 합한 것의 딱 절반이 되지요. 그렇다면 $\frac{1}{2}(h_1 + h_2)$라고 두면 되겠네요. 자, 이제 이 평행사변형의 넓이는?

$$(\text{평행사변형의 넓이}) = \frac{1}{2}a \times \frac{1}{2}(h_1 + h_2)$$
$$= \frac{1}{4}a(h_1 + h_2)$$

이제 이 두 사각형의 넓이를 비교해 볼까요?

원래 사각형 : $\frac{1}{2}a(h_1 + h_2)$

바리뇽 평행사변형 : $\frac{1}{4}a(h_1 + h_2) = \frac{1}{2} \times \frac{1}{2}a(h_1 + h_2)$

보이나요? 바리뇽 평행사변형의 넓이는 원래 사각형의 넓이의 절반이라는 것이 증명되었네요.

평행사변형의 넓이에 관한 재밌는 사실 하나를 더 알려 주고 싶군요. 다음 그림을 한번 잘 보세요.

평행사변형 안에 아무데나 점을 하나 콕 찍습니다. 그리고 그

점과 네 꼭짓점을 그냥 쭉 연결해 봅니다. 그럼 삼각형이 4개 생깁니다. 이 4개의 삼각형의 넓이 사이에는 어떤 비밀이 숨겨져 있답니다. 무엇일까요?

아이들은 아무렇게나 찍은 점을 가지고 이런 얘기를 한다는 게 이상했지만 피타고라스 선생님의 말씀이니 열심히 그림을 노려보기로 했습니다.

어허~ 그렇게 그림을 노려본다고 안 보이는 사실이 매직 아이처럼 눈에 들어오지는 않지요. 눈에 힘을 주기보다는 손을 움직이는 게 좋을 듯하군요. 보조선을 잘 이용해 보세요.

"선생님, 보조선이라니 무얼 어떻게 그어야 할지 전혀 감이 안 잡히는데요?"

좋습니다. 그럼 내가 보조선을 그려 볼 테니 그다음부터는 여러분이 해결하는 겁니다.

피타고라스는 아까 아무렇게나 찍은 점을 지나가는 2개의 선을 그려 넣었습니다. 아이들은 처음에 그 선으로 무엇을 할 수 있을까 생각하는 듯하더니 이내 고개를 끄덕이기 시작했습니다.

"알 것 같아요. 그 보조선 너무 쓸 만한데요? 넓이가 같은 삼각형 네 쌍이 단번에 눈에 들어와요."

그러면 내가 넓이가 같은 것들끼리 번호를 붙여 볼게요. 아래를 보세요.

결국 마주 보는 쪽에 있는 2개의 삼각형의 넓이를 더하면 원래 평행사변형 넓이의 딱 절반이 되네요.

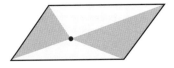

그리고 이런 경우의 가장 특별한 상태가 바로 다음과 같은 것이겠지요?

이건 아무렇게나 찍은 점이 아니라 정확히 대각선의 교점입니다. 이 경우에는 앞에서 밝힌 넓이의 비밀보다 한층 더 업그레이드된 결과를 갖고 있답니다. 그게 무엇인지 알 수 있겠어요?

아이들은 고개를 이리저리 돌려 보다가 자신 없는 목소리로 말했습니다.

"혹시 4개의 삼각형의 넓이가 같나요?"

왜들 그렇게 자신이 없어요? 그게 바로 정답입니다. 왜인지 알면 더 좋을 것 같은데…….

"그러니까 대각선 하나를 삼각형의 밑변이라고 보면 평행사변형은 서로 다른 것을 이등분하니까 밑변의 길이가 모두 같게 되잖아요? 그리고 그 삼각형들의 높이가 같으니까 당연히 넓이도 같아지네요. 다른 삼각형도 마찬가지고요."

그래요. 4개의 삼각형이 비록 서로 합동이라고 할 수는 없지만 분명 그 넓이는 모두 같다는 걸 알아냈군요. 지금 알아낸 그 아이디어를 잊지 말고 다른 문제에도 잘 적용해 봅시다.

조금만 더 레벨 업을 해 볼까요? 이 백화점 주인이 맨 처음 땅을 사서 백화점을 지으려고 했는데 땅이 이상하게 나누어져 있어서 백화점을 짓기가 난감했다고 해요. 땅의 넓이는 서로 손해 보지 않으면서 땅이 직선으로 나누어지게 할 수 있는 방법은 없을까요?

"선생님, 이것도 분명 보조선이 있으면 풀리는 문제겠지요? 에고, 그런데 잘 생각이 나질 않네요. 이번에도 도와주시면 안 될까요?"

네, 좋습니다. 보조선을 그어 주기는 하겠지만 그래도 얼른 생각나진 않을 겁니다. 내가 색칠해 줄 테니 그것의 도움도 받아 보세요.

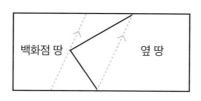

    아이들은 피타고라스가 그어 준 보조선에 의해 만들어진 삼각형을 이리저리 보다가 고개를 삐딱하게 하고서야 답을 알아낸 듯 보였습니다.

    "선생님, 이건 말이에요. 삼각형의 밑변이 일정한 경우에 높이만 같다면 그런 삼각형의 넓이가 모두 같다는 사실을 이용해야 풀릴 것 같아요. 그러니까 새로운 땅의 경계선은 이렇게 하면 되는 거죠!"

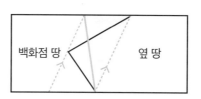

    맞았어요. 내가 말하지 않고 보조선을 그었는데 여러분이 2개의 보조선의 관계까지 알아낸 셈이로군요. 처음에 2개의 보조선이 평행하게 그어지면 색칠된 삼각형의 꼭짓점이 그 선 위의 어디에 있더라도 삼각형의 넓이는 변하지 않는 거죠. 그렇게 새롭게 그어진 땅의 경계선 덕분에 백화점 주인은 땅을 무사히 구입하고 백화점도 이렇게 멋지게 짓게 된 겁니다.

"그런데 선생님! 지금 하신 말씀이 실제 상황인가요?"

글쎄요, 믿거나 말거나지요. 하하하. 우리 그러지 말고 평행 사변형 케이크나 사이좋게 나누어 먹자고요.

❶ 사각형들의 넓이 공식

① 정사각형의 넓이 : (한 변의 길이)^2

② 직사각형의 넓이 : (가로의 길이)×(세로의 길이)

③ 마름모의 넓이 : $\frac{1}{2}$×(두 대각선의 길이의 곱)

④ 평행사변형의 넓이 : (밑변의 길이)×(높이)

⑤ 사다리꼴의 넓이 : $\frac{1}{2}$×{(윗변의 길이)+(아랫변의 길이)}×(높이)

• 못생긴 사각형 : 삼각형으로 나누어 구합니다.

❷ 평행사변형 속 넓이

평행사변형 속에 아무 점을 잡고 각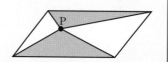

꼭짓점까지 이어서 4개의 삼각형을

만들었을 때 같은 색깔의 삼각형끼리 넓이를 더하면 같습니다.

❸ 평행사변형의 대각선

평행사변형의 대각선이 만드는 4개의

삼각형은 모두 넓이가 같습니다.

사각형계의
아웃사이더들

특별한 사각형에 대해 공부합니다.

1. 특별한 사각형에 대해 알아봅니다.
2. 사각형의 이미지를 가진 명화를 감상합니다.

미리 알면 좋아요

황금비

황금비는 짧은 것과 긴 것의 비가 1 : 1.618인 것으로 대략 5 : 8 정도의 비를 말합니다. 여러 비율 중에서도 가장 조화가 잘 이루어진 아름다운 비율로써 황금비를 찾아볼 수 있는 대표적인 작품으로는 <밀로의 비너스>가 있습니다.

피타고라스의
여덟 번째 수업

지금까지 여러분과 함께 백화점 구경도 하면서 사각형의 성질을 함께 알아보는 좋은 시간이었습니다. 앞서 소개한 사각형들에 대해서는 이 정도까지 하기로 하고, 주연 사각형들의 주변에 쓸쓸히 하지만 꽤 개성 있는 포즈로 다니는 아웃사이더들을 좀 더 소개할까 합니다.

먼저 마름모와 비슷한, 방패 모양 같기도 하고 연 모양 같기도 한 도형입니다.

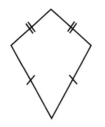

이 도형은 절대 마름모가 될 수 없지
요. 네 변의 길이가 항상 같지는 않으니
까요. 그렇다면 이 도형은 어떤 특별한
성질을 갖고 있을까요? 대각선을 그림
과 같이 그어 보면 2개의 이등변삼각형이 생깁니다. 그리고 나
머지 대각선을 하나 더 그려 보면 두 대각선이 서로 수직이 됨
을 알 수 있지요.

하지만 절대 길이가 같거나 서로
를 이등분하지는 않습니다. 그러니
우리가 만들어 놓은 사각형의 벤 다
이어그램에서 이 녀석이 들어갈 곳
은 절대 주류가 아니죠. 바로 이곳
에 속해야 한답니다.

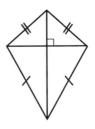

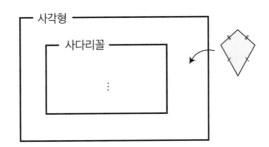

아웃사이더로 말하자면 다음에 소개할 두 사각형도 빼놓을 수가 없습니다. 여러분에게 소개하는 순간 '뭐 저런 게 사각형 이야.'라고 할지도 모릅니다.

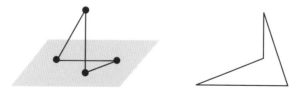

피타고라스가 그림을 보여 주는 순간 아이들이 웅성거리기 시작했습니다.

아아~ 그럴 줄 알았어요. 너무 놀라지 말고 내 이야기를 마저 들어 보세요.

첫 번째 사각형은 종이 위에 그리기가 힘든 것인데 세 개의 꼭짓점은 한 평면 위에 있고 나머지 1개의 꼭짓점은 그 평면 위에 떠 있는 사각형입니다. 물론 우리는 학교에서 이런 사각형을 배우지 않습니다. 걱정할 필요는 없어요. 하지만 이름 정도는 알아 두면 좋겠죠? 이런 사각형은 꼬인 사변형이라고 합니다.

두 번째 사각형은 오목 사각형이라고 합니다. 4개의 변과 4개의 각을 가질 뿐만 아니라 2개의 대각선이 있으니 당연히 사각형이라고 할 수밖에요. 게다가 내각의 크기의 합도 360°이니까 '넌 사각형이 아니야.'라고 밀쳐 버릴 수도 없습니다.

"그렇지만 선생님, 지금까지 우리가 배운 사각형과 다른 점이 있긴 해요. 아까 대각선을 말씀하셨는데 그 대각선이 말이에요. 사각형의 안쪽이 아니라 바깥쪽에 그려지거든요?"

맞습니다. 바로 그런 점에서 이런 사각형 역시 학교에서는 다
루지 않지요. 우리가 다루는 사각형은 말하지 않아도 이런 오
목 사각형이 아닌 볼록 사각형을 말합니다.

"휴우~ 다행이에요, 선생님. 저렇게 이상하게 생긴 사각형들
까지 다 다루다가는 머리가 팽팽 돌아 버릴지도 모르거든요."

그렇죠? 그래도 이런 사각형들은 여러분이 좋아할 것 같은

데, 어때요? '황금마름모'라는 사각형 말이에요. 아~ 이 사각형은 물론 아웃사이더는 아닙니다. 오히려 여왕 대접을 받을 만한 사각형이죠. 황금이라고 이름 붙이니 그 전에 배웠던 황금비가 떠오르지요? 맞습니다. 마름모의 두 대각선의 길이 비가 황금비일 때, 이 마름모를 황금마름모라고 합니다.

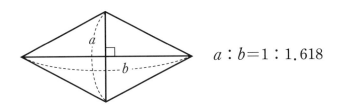

$$a : b = 1 : 1.618$$

"뭐든 황금이 붙으면 왠지 근사해 보이는 것 같아요. 피타고라스 선생님께 사각형에 대해 많이 배웠으니 앞으로 선생님도 황금 피타고라스 선생님이라고 불러 드릴게요."

너무 멋진 이름이네요. 앞으로 여러분이 찾아낼 새롭고 신기한 수학의 이름도 황금 수학이 되었으면 좋겠어요. 그럼 그때는 여러분이 나에게 그 새로운 황금 수학을 알려 주는 수업을 하게 될지도 모르겠군요.

여러분과 작별 인사를 나누기 전에 사각형의 이미지를 즐겁게 맛볼 수 있는 명화를 소개하고 싶군요.

이 작품은 네덜란드의 화가인 몬드리안의 대표작이에요. 수평 선과 수직선만으로 그려진 이 그림은 이 세상의 무질서로부터 인간을 자유롭게 해 주고 싶었던 화가의 마음에서 출발한 것이라고 합니다. '그림이란 비례와 균형 이외의 다른 아무것도 아니다.'라는 자신의 메시지를 이와 같은 작품으로 보여 준 셈이죠.

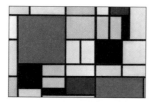

빨강, 검정, 파랑, 노랑
그리고 회색의 구성

피터르 몬드리안
1872~1944

이 그림에서 우리는 수평선과 수직선이 만나 새로운 사각형을 만들어 내는 것을 볼 수 있습니다. 수평과 수직은 서로 대립하는 것처럼 보이지만, 서로 만나 아름다운 사각형을 만들어 조화를 이루게 되는 거지요.

여러분에게도 이 그림이 우리가 공부한 사각형과 함께 아름다운 조화의 이미지로 남게 되기를 바랍니다.

❶ 연꼴

이웃하는 두 변의 길이가 각각 같은 사각형으로 대각선이 수직으로 만납니다.

❷ 꼬인 사변형

3개의 꼭짓점은 한 평면 위에, 나머지 한 꼭짓점은 다른 평면에 있는 사각형입니다.

❸ 오목 사각형

한 대각선이 사각형의 외부에 있는 사각형입니다.

❹ 황금마름모

대각선의 길이의 비가 황금비인 마름모입니다.

NEW 수학자가 들려주는 수학 이야기 08

피타고라스가 들려주는 사각형 이야기

ⓒ 배수경, 2008

2판 1쇄 인쇄일 | 2025년 3월 7일
2판 1쇄 발행일 | 2025년 3월 21일

지은이 | 배수경
펴낸이 | 정은영
펴낸곳 | (주)자음과모음

출판등록 | 2001년 11월 28일 제2001-000259호
주소 | 10881 경기도 파주시 회동길 325-20
전화 | 편집부 (02)324-2347, 경영지원부 (02)325-6047
팩스 | 편집부 (02)324-2348, 경영지원부 (02)2648-1311
e-mail | jamoteen@jamobook.com

ISBN 978-89-544-5204-5 44410
      978-89-544-5196-3 (세트)